高分子材料与工程专业实验教程

GAOFENZI CAILIAO YU GONGCHENG ZHUANYE SHIYAN JIAOCHENG

主　编　徐文总
副主编　李　真　覃忠琼　任　琳

合肥工业大学出版社

前　　言

为了适应教学改革的需要，贯彻"知识、能力和素质三位一体"的教学理念，培养21世纪工程实践能力强、创新能力强、具备国际竞争力的高素质复合型"新工科"人才，在经过多年教学实践形成的实验讲义基础上，参考其他相关教材，我们编写了这本《高分子材料与工程专业实验教程》，用于高分子材料与工程专业本科学生的教学，同时也可以作为其他相关专业学生和工程技术人员的专业参考书。

本书内容包括三个部分：高分子化学实验、高分子物理实验和高分子材料成型加工实验。高分子化学实验中的实验1、2、5、8～12由覃忠琼讲师编写，实验3和6由周海鸥副教授编写，实验4由王献彪教授编写，实验7由程从亮副教授编写；高分子物理实验中的实验13、15～19、22、27由任琳讲师编写，实验14、20、21、23、26由李真教授编写，实验24和25由赵青春教授编写；高分子材料成型加工实验中的实验28～35、37、39～42由徐文总教授编写，其中实验33、34、37童彬讲师参与了编写，实验36和38由任琳讲师编写。全书由徐文总教授统稿。

本书在编写过程中得到了合肥工业大学徐卫兵教授、安徽理工大学徐初阳教授、安徽建筑大学刘瑾教授、冯绍杰教授的支持，在此表示感谢！同时在出版的过程中得到了安徽省教育厅高分子材料与工程专业综合改革试点项目(2016zy031)、高分子材料与工程专业课程教学团队项目(2016jxtd029)和安徽建筑大学高分子材料与工程专业综合改革试点项目经费的资助。

限于编者的知识水平，书中难免会出现一些疏漏或错误，敬请读者批评指正，以便于我们今后修改和订正。

编　者

2017年9月

目　　录

第一部分　高分子化学实验

第二部分　高分子物理实验

第三部分　高分子材料成型加工实验

实验一　本体聚合——有机玻璃的制备

一、实验目的

1. 了解本体聚合的基本原理、基本配方、特点和具体操作；
2. 熟悉有机玻璃棒材的制备方法，了解其工艺过程。

二、实验原理

本体聚合是指单体仅在少量的引发剂存在下进行的聚合反应，或者直接在热、光和辐射作用下进行的聚合反应。本体聚合具有产品纯度高和无须后处理等优点，可直接聚合成各种规格的型材。在实验室实施本体聚合的容器可以选择试管、玻璃安瓿、封管、玻璃膨胀计、玻璃烧瓶、特定的聚合模等。除了玻璃烧瓶可以采用电动搅拌外，其余均可不用搅拌而置于恒温水浴或烘箱中即可。需要注意的是如果没有采用搅拌装置，聚合以前则必须将单体和引发剂充分混合均匀。本体聚合存在的最大困难是如何能够在较快的聚合反应速度条件下解决散热的问题。聚合反应温度过高往往会在聚合物内部产生气泡。因此通常都在较低的温度条件下聚合较长时间。

甲基丙烯酸甲酯通过本体聚合方法可以制得有机玻璃。聚甲基丙烯酸甲酯由于有庞大的侧基存在，为无定形固体，其最突出的性能是具有高度的透明性，它的比重小，故其制品比同体积无机玻璃制品轻巧得多。同时又具有一定的耐冲击强度与良好的低温性能，是航空工业与光学仪器制造工业的重要原料。有机玻璃表面光滑，在一定的弯曲限度内，光线可在其内部传导而不逸出，故外科手术中利用它把光线输送到口腔喉部作照明。聚甲基丙烯酸甲酯的电性能优良，是很好的绝缘材料。有机玻璃的最大缺点是耐候性差、表面易磨损，这些缺点通常通过与其他单体共聚或与其他聚合物共混来克服。

甲基丙烯酸甲酯在引发剂引发下，按自由基聚合反应的历程进行聚合反应。引发剂通常为偶氮二异丁腈（AIBN）或过氧化二苯甲酰（BPO）。其反应通式为：

$$n\ CH_2{=}\underset{COOCH_3}{\overset{CH_3}{C}} \xrightarrow{AIBN} {-}\!\!\left[CH_2{-}\underset{COOCH_3}{\overset{CH_3}{C}}\right]_n$$

甲基丙烯酸甲酯单体密度只有 0.94g/mL，而其聚合物密度为 1.17g/mL，所以在聚合过程中会有较大的体积收缩。为了避免体积收缩和解决本体聚合散热问题，工业生产中往往采用两步法制备有机玻璃。在引发剂引发下，甲基丙烯酸甲酯聚合初期平稳反应，当转化率达到 20%左右时，聚合速率显著加快，聚合体系黏度增加，称为自加速现象；此时应停止第一阶段（预聚）反应，将聚合浆液转移到模具中，低温反应较长时间。当转化率达到 90%以上，聚合物已基本成型，可以升温使单体完全聚合。引发剂用量应视要制备的制品厚度而定，用偶氮二异丁腈引发时其用量为：

厚度（mm）	1～1.5	2～3	4～6	8～12	14～25	30～45
AIBN（%）	0.06	0.06	0.06	0.025	0.020	0.005

三、仪器与药品

1. 仪器

单颈瓶（100mL/24mm）一只；温度计（100℃）一支；恒温水浴槽；硅胶干燥器；加热套（500mL）一个；温控装置一套；电动搅拌装置一套；试管及配套橡皮塞各两只；橡皮膏若干。

2. 药品

甲基丙烯酸甲酯（已去除阻聚剂）25g；偶氮二异丁腈 0.015g；硬脂酸 0.15g。

四、实验内容

1. 预聚体制备

1）准确称取 0.015g 偶氮二异丁腈和 25g 甲基丙烯酸甲酯于 100mL 单颈瓶中，摇晃使其溶解后，装上机械搅拌装置，升温至 80℃，保温反应。

2）仔细观察聚合体系的黏度变化。如果预聚物变成黏性薄浆状（比甘油略粘些），应立即加入 0.15g 硬脂酸，搅拌使其溶解。撤去热源，并迅速用冷水冲淋反应瓶。

2. 有机玻璃棒材的制备

1）仔细洗干净试管，置于 120℃烘箱中干燥 0.5h，取出后放入硅胶干燥器中冷却。

2）将预聚物灌入事先准备好的试管中，排出气泡，塞上橡皮塞，然后用橡皮膏将其密封好，放入水浴中 50℃恒温水浴 4h；然后升温至 95℃，恒温 2h。

3）取出试管，冷却后将试管砸碎，得一透明光滑的有机玻璃棒。

五、注意事项

1. 单体预聚合时间不可过长，反应物稍变黏稠即可停止反应，并迅速用冷水淋洗冷却；

2. 用作模具的试管应尽可能洗得干净，并彻底烘干，否则聚合中易产生气泡；

3. 向模具灌浆时，应尽量灌满，不留空隙；

4. 聚合时，模具要全部浸入水浴中；注意不要将模具靠在加热管上，以防局部过热。

六、思考题

1. 本体聚合的基本配方是什么？叙述本体聚合的特点。

2. 单体预聚合的目的是什么？

3. 本体聚合为何要在低温下聚合然后升温？

4. 如何避免玻璃棒材中产生气泡？

5. 硬脂酸在有机玻璃制备中起什么作用？

实验二　苯乙烯悬浮聚合

一、实验目的

1. 了解悬浮聚合的工艺特点；
2. 熟悉悬浮聚合的原理；
3. 掌握悬浮聚合的实验技术。

二、实验原理

悬浮聚合是依靠激烈的机械搅拌使含有引发剂的单体分散到与单体互不相溶的介质中实现的。由于大多数烯类单体只微溶于水或几乎不溶于水，悬浮聚合通常都以水为介质。在进行水溶性单体如丙烯酰胺的悬浮聚合时，则应当以憎水性的有机溶剂如烷烃等作分散介质，这种悬浮聚合过程被称为反相悬浮聚合。

在悬浮聚合中，单体以小油珠的形式分散在介质中。每个小油珠都是一个微型聚合场所，油珠周围的介质连续相则是这些微型反应器的传热导体。因此，尽管每个油珠中单体的聚合与本体聚合无异，但整个聚合体系的温度控制还是比较容易的。

可作为分散剂的有两类物质：一类是可以溶于水的高分子化合物，如聚乙烯醇、明胶、聚甲基丙烯酸钠等。其作用机理是高分子吸附在液滴表面，形成一层保护膜，使液滴接触时不会黏结。同时，加了水溶性高分子物质后，介质黏度增加，也有碍于液滴的粘连。另外，有些水溶性高分子还有降低界面张力的作用，有利于液滴变小。另一类分散剂是不溶于水的无机盐粉末，如钙镁的碳酸盐、硫酸盐和磷酸盐等。其作用机理是细微的粉末吸附在液滴表面上，起着机械隔离的作用。其中工业生产聚苯乙烯时采用的一个重要的无机稳定剂是二羟基六磷酸十钙 $Ca_{10}(PO_4)_6(OH)_2$。分散剂的性能和用量对聚合物颗粒大小和分布有很大影响。一般来讲，分散剂用量越大，所得聚合物颗粒越细，如果分散剂为水溶性高分子化合物，分散剂相对分子质量越小，所得的树脂颗粒就越大，因此分散剂相对分子质量的不均一会造成树脂颗粒分布变宽。如果是无机盐分散剂，用量一定时，分散剂粒度越细，所得树脂的粒度也越小，因此，分散剂粒度的不均匀也会导致树脂颗粒大小的不均匀。有时，采用上述两类分散剂混合使用，效果更好。

为了得到颗粒度合格的珠状聚合物，除加入分散剂外，严格控制搅拌速度是一个相当关键的问题。随着聚合转化率的增加，小液滴变得很黏，如果搅拌速度太慢，则珠状不规则，且颗粒易发生黏结现象。但搅拌太快时，又易使颗粒太细，因此，悬浮聚合产品的粒度分布的控制是悬浮聚合中的一个很重要的问题。

掌握悬浮聚合的一般原理后，本实验仅对苯乙烯单体及其在悬浮聚合中的一些特点作一简述。苯乙烯是一个比较活泼的单体，易起氧化和聚合反应。在贮存过程中，如不添加阻聚剂即会引起自聚。但是，苯乙烯的游离基并不活泼，因此，在苯乙烯聚合过程中副反应较少，不容易有链支化及其他歧化反应发生。链终止方式据实验证明是双基结合。另外，苯乙烯在聚合过程中凝胶效应并不特别显著，在本体及悬浮聚合中，仅在转化率为50%～70%时，有一些自动加速现象。因此，苯乙烯的聚合速度比较缓慢，例如与甲基丙烯酸甲酯相比较，在用同量的引发剂时，其所需的聚合时间比甲基丙烯酸甲酯多好几倍。

三、仪器与药品

1. 仪器

标准磨口三颈瓶（250mL/24mm×3）一只；球形冷凝器（300mm）一支；温度计（100℃）一支；分液漏斗（125mL）一只；烧杯（100mL）两只；抽滤装置一套；电加热套一台；数显调速电动搅拌器一套。

2. 药品

苯乙烯25g，聚合级；二乙烯基苯，聚合级；氢氧化钠溶液50mL，10%；5%聚乙烯醇（1799）溶液10mL；磷酸钙0.05g，化学纯；过氧化二苯甲酰0.25g，化学纯；无水硫酸钠10g，化学纯。

四、实验步骤

1. 将苯乙烯25g置于分液漏斗中，加入10mL氢氧化钠溶液洗涤。静止片刻，弃去下层红色洗液。再用同样的方法洗涤至洗液不再显现红色为止。然后用去离子水洗涤至中性。加入无水硫酸钠10g，静置0.5h，用布氏漏斗过滤（可以三组合并操作）。

2. 在烧杯中加入洗涤过的苯乙烯20g和引发剂过氧化二苯甲酰0.25g，手工搅拌至溶解。

3. 在装有搅拌器、温度计和回流冷凝器的250mL三颈瓶中，加入110mL水和10mL聚乙烯醇溶液。开始升温并使搅拌器以250rpm左右的速度稳定搅拌。待瓶内溶液温度升至60℃时，取事先在室温下溶解好250mg过氧化苯甲酰引发剂的20g苯乙烯和3.5g二乙烯基苯倒入反应瓶中，再加入磷酸钙0.05g。加热并保持恒温95℃下聚合，此后应十分注意搅拌速度的稳定。

4. 保温3h。能听到“沙沙”声时，反应结束。将反应物倒入烧杯中，用热的去离子水洗涤3次后过滤。珠状聚合物置于表面皿中，于60℃下在鼓风烘箱中干燥至恒重，计算产率。

5. 玻璃仪器及搅拌棒的清洗依次用热水、冷水洗净并晾干。

五、注意事项

1. 认真记录各步的实验现象。
2. 简单评述本小组所得珠状聚合物产品的质量（如颜色、粒径均一性等）。
3. 结合实验操作谈谈与本产品质量相关的影响因素。

六、思考题

1. 结合悬浮聚合的理论，说明配方中各组分的作用。
2. 分散剂的作用原理是什么？本实验采用混合分散剂有何优势？
3. 悬浮聚合对单体有什么要求？聚合前需要做什么处理？为什么？
4. 结合实验过程，你认为在悬浮聚合过程中应该注意哪些问题？
5. 写出反应历程。

实验三　膨胀计法测定苯乙烯聚合反应速率

自由基聚合反应是现代合成聚合物的重要反应之一，因此研究自由基反应动力学具有重要意义。聚合速率可通过直接测定反应的单体或所产生的聚合物的量求得，这被称为直接法。也可以通过伴随聚合反应过程的物理量的变化求出，此即被称为间接法。前者适用于各种聚合方法，而后者只能用于均一的聚合体系，该方法能够连续、精确地求得聚合物初期的聚合反应速率。

一、实验目的

1. 熟悉膨胀计的使用方法；

2. 掌握膨胀计法测定聚合反应速率的原理和方法；

3. 通过实验验证自由基聚合反应速率与单体浓度之间的动力学关系式，求得平均聚合速率。

二、实验原理

聚合反应中不同的聚合体系与聚合条件具有不同的聚合反应速率。聚合反应速率的测定对于工业生产和理论研究有着重要意义。

膨胀计法测定苯乙烯聚合反应速率的原理是基于单体与聚合物的密度不同。单体密度小，聚合物密度大，因为单体形成聚合物后分子间的距离减小，故在聚合反应过程中随着聚合物的生成，体系的体积会不断收缩。若取一定体积的单体进行聚合，则在聚合过程中随着转化率的增加，反应体系的体积发生变化，这样就可换算出单体形成聚合物的转化率，也就是说体积的变化与单体转化率成正比，绘出转化率-时间关系曲线，从聚合反应速率与转化率-时间曲线的关系即可求出聚合反应速率。如果将这种体积的变化在一根直径很小的毛细管中观察，测试灵敏度将大大提高，这种方法就是膨胀计法。根据自由基聚合反应机理可以推导出聚合初期的动力学关系式：

$$R_p = -\frac{d[M]}{dt} = k[I]^{1/2}[M] \tag{3-1}$$

聚合反应速率 R_p 与引发剂浓度 $[I]^{1/2}$、单体浓度 $[M]$ 成正比。在转化率低的情况下，可以假定引发剂浓度保持恒定，将(3－1)式积分可得：

$$\ln\frac{[M]_0}{[M]}=Kt \tag{3-2}$$

式(3－2)中$[M]_0$为单体起始浓度；$[M]$为t时刻单体浓度，K为常数。

如果从实验中测定不同时刻的单体浓度$[M]$，可求出不同时刻的$\ln\frac{[M]_0}{[M]}$数值，并对时间t作图。如果得到一条直线，则对自由基聚合初期反应速率与单体浓度的动力学关系式进行了验证，同时由直线的斜率可以得到与速率常数有关的常数K。

如果以p、ΔV和ΔV_∞分别代表转化率、聚合反应时的体积收缩值和假定转化率达到100％时的体积收缩值(即聚合反应体系能够达到的最大理论收缩值)，则ΔV正比于p，即

$$p=\frac{\Delta V}{\Delta V_\infty} \tag{3-3}$$

从开始到t时刻已反应的单体量：$p[M]_0=\frac{\Delta V}{\Delta V_\infty}[M]_0$ (3－4)

t时刻体系中还未聚合的单体量：

$$[M]=[M]_0-\frac{\Delta V}{\Delta V_\infty}[M]_0=(1-\frac{\Delta V}{\Delta V_\infty})[M]_0 \tag{3-5}$$

则得：$\ln\frac{[M]_0}{[M]}=\ln\frac{1}{1-\Delta V/\Delta V_\infty}$ (3－6)

由于式中ΔV_∞是由聚合物密度、单体密度和起始单体体积确定的定值，所以只需用膨胀计测定不同时刻聚合体系的收缩值ΔV，就可以通过作图或计算得到$\ln\frac{[M]_0}{[M]}$，并用(3－7)式计算出实验阶段的平均速度：

$$R_p=-\frac{d[M]}{dt}=\frac{[M]_0-[M]}{\Delta t}=\frac{\Delta V}{\Delta V_\infty\cdot\Delta t}[M]_0(\mathrm{mol\cdot L^{-1}\cdot s^{-1}}) \tag{3-7}$$

三、仪器与药品

1. 仪器

膨胀计、烧杯、量筒、吸管、超级恒温水浴。

2. 药品

苯乙烯约12mL，偶氮二异丁腈0.1g，少量甲苯。

四、实验内容

1. 配样：称取引发剂，量取单体，在烧杯中充分溶解。

2. 装样：将试样从磨口塞处小心倒入膨胀计，使液面处于磨口颈大约一半处，小心盖上磨口塞，注意不得留有气泡！同时使单体液面高度大约距毛细管最上部刻度的1～2cm处。如果液面过高或过低都必须重新装样。

3. 反应：将膨胀计小心夹在试管架上，并将其放入温度已达要求的60℃的恒温水浴中（放入的高度以盛有单体的部分刚好浸入水面为宜）。观察并记录毛细管内液面开始升高而后又缓慢下降的过程，每隔3～5min记录一次液面高度。大约反应1h，转化率约达到10%，停止反应。

4. 清洗：反应完成后立即取出膨胀计，将试液倒入回收瓶，用少量甲苯清洗两遍，放入烘箱中烘干。

5. 按照相同操作在70℃重复做一次。根据不同温度条件下测得的速率可以验证温度对聚合反应速率的影响。

6. 将实验数据列于下表中。

t（分钟）											
刻度读数											

五、注意事项

1. 记录膨胀计的号码和毛细管的直径。

2. 膨胀计内的单体不能加得太多，即毛细管内液面不能太高，否则开始升温时单体膨胀将溢出毛细管；也不能加得太少，否则当实验尚未测完数据时毛细管内的液面已经低于刻度，无法读数。

3. 装料时必须保证膨胀计内无气泡，为此必须注意两点：①单体加入量需略多于实际体积，让瓶塞将多余的单体压出来；②在盖瓶塞时需倾斜着将塞子靠在瓶口的下侧慢慢塞入，让气泡从瓶口的上侧将单体压出。此时烧杯置于下面收集滴漏的单体。

4. 实验一结束就应立即清洗膨胀计，以免聚合物堵塞毛细管。

六、思考题

1. 膨胀计放入恒温水浴中，为什么先膨胀后收缩？

2. 从放入恒温水浴到开始收缩，此段时间长短与哪些因素有关？为什么？

3. 影响本实验引起误差的主要原因及改进意见？

4. 能否用同一反应试样做完 60℃温度以后，继续升温至 70℃再测定一组数据，而不必重新装料？如果可以，试分析注意事项并比较两组数据的准确性。

5. 对于高转化率情况下的自由基聚合反应能用此法研究吗？

6. 本体聚合的特点是什么？本体聚合对单体有何要求？

实验四 苯乙烯-丙烯酸酯共聚乳液的制备

乳液聚合是连锁聚合反应的又一实施方法，具有十分重要的工业价值。乳液聚合是指单体在水介质中，由乳化剂分散成乳液状态进行聚合。乳液聚合最简单的配方是由单体、水、水溶性引发剂和乳化剂四部分所组成的。

乳液聚合具有聚合热容易排除、聚合速度快、可获得较高分子量聚合物等许多优点。同时，制备工艺简洁，避免了重新溶解、配料等工艺操作。乳液聚合的缺点是产品纯度较低。另外，在需要获得固体产品时，存在凝聚、洗涤、干燥等复杂的后处理问题。综合来说，乳液聚合不失为一种制备合成高分子的较好的工艺方法。

乳液聚合在工业上有十分广泛的应用。合成橡胶中产量最大的丁苯橡胶和丁腈橡胶就是采用乳液聚合法生产的。此外，聚氯乙烯糊状树脂、丙烯酸酯乳液等也都是乳液聚合的产品。

在丙烯酸酯乳液中，苯丙乳液是较重要的品种之一。苯丙乳液是由苯乙烯和丙烯酸酯（通常为丙烯酸丁酯）通过乳液聚合法共聚而成，具有成膜性能好，耐老化、耐酸碱、耐水、价格低廉等特点，是建筑涂料、黏合剂、造纸助剂、皮革助剂、织物处理剂等产品的重要原料。

一、实验目的

1. 了解乳液聚合的工艺特点；
2. 熟悉乳液聚合的原理；
3. 掌握乳液聚合的实验技术。

二、实验原理

乳液聚合是指在有乳化剂存在的水介质中，单体进行非均相聚合反应的聚合方法。在乳液聚合最简单的配方中，应含有单体、分散介质、乳化剂和水溶性引发剂四种组分。乳化剂通常是一些在分子中既具有亲水基团又具有憎水基团的化合物。如常用的乳化剂十二烷基磺酸钠［$CH_3(CH_2)_{11}SO_3Na$］的磺酸钠基团一端表现为亲水，指向水中，烷基一端则表现为憎水而能与单体互溶。因此，乳化剂溶于水中是以“胶束”的形式存在的，亲水的一端指向水，憎水的一端则背靠背避开水。根据 Smith - Ewart 理论，当体系中有单体存在时，一部分单体进入胶束内部与乳化剂憎水的一端互溶，而大部分单体则以微珠状态悬浮于水中并被乳化剂包围。随着引发剂（如过硫酸钾）产生的自由基扩散进入胶束内部，引发单体聚合。进而，单体微珠中的单体分子不断扩散进入胶束，以补充反应掉的单体。如此不断进行，聚合反应得以完成，最终形成高聚物的“胶粒”。这些胶粒由于受到乳化剂分子的保护而稳定，因此，宏观上形成稳定的乳液。乳液聚合物可以作为涂料直接使用。也可向乳液中加入盐类物质（如 NaCl）而使乳液破坏、凝聚，称为破乳，进而可将高聚物沉析出来。

苯丙乳液的主要用途是制备建筑乳胶漆，这类乳液通常由苯乙烯和丙烯酸丁酯共聚而成。丙烯酸丁酯的聚合物具有良好的成膜性和耐老化性，但其玻璃化转变温度仅－58℃，不能单独用作涂料的基料。将丙烯酸丁酯与苯乙烯共聚后，涂层表面硬度大大增加，生产成本也有所下降。为提高乳液的稳定性，共聚单体中通常还加入少量的丙烯酸。丙烯酸是一种水溶性单体，参加共聚后主要存在于乳胶粒表面，羧基指向水相，因此颗粒表面呈电负性。同性电荷的作用使得颗粒不容易凝聚结块。此外，适当比例的丙烯酸有利于提高涂料的附着力。

苯丙乳液制备一般采用过硫酸铵或过硫酸钾作为引发剂，十二烷基硫酸钠作为乳化剂。十二烷基硫酸钠是一种阳离子型乳化剂，具有优良的乳化效果。用十二烷基硫酸钠作为乳化剂制备的乳液机械稳定性较好，但化学稳定性不够理想，与盐类化合物作用发生破乳凝聚作用。为了改善乳液的化学稳定性，可加入非离子型乳化剂，组成复合型乳化体系。常用的非离子型乳化剂有壬基酚聚氧乙烯醚（如 OP - 10）等。

用于建筑乳胶漆的苯丙乳液的固体含量为 48%±2%，最低成膜温度为 16℃，成膜后，涂料无色透明。为了使建筑乳胶漆在冬天也能使用，通常还需加入成膜助剂，如苯甲醇等，使涂料的最低成膜温度达到 5℃。

三、仪器和药品

1. 仪器

标准磨口四颈瓶（250mL/24mm×4）一只；球形冷凝器（300mm）一支；Y 型连接管（24mm×3）一只；温度计（100℃）一支；分液漏斗（125mL）一只；恒压滴液漏斗（125mL、50mL）各一只；烧杯（100mL）两只、（250mL）一只；布氏漏斗（80mm）一只；广口试剂瓶（250mL）一只；量筒（100mL）一只；平板玻璃（100mm×100mm×3mm）一块；电加热套一台；电动搅拌器一套。

2. 药品

苯乙烯 35g，聚合级；丙烯酸丁酯 27g，聚合级；丙烯酸 1g；过硫酸铵 0.4g，化学纯；十二烷基硫酸钠 0.4g，化学纯；OP－10 乳化剂 1g，工业级；氢氧化钠溶液 70mL，10%；无水硫酸钠 10g，化学纯。

四、实验内容

1. 将苯乙烯 35g 置于分液漏斗中，加入 10mL 氢氧化钠溶液洗涤。静止片刻，弃去下层红色洗液。再用同样的方法洗涤至洗液不再显现红色为止。然后用去离子水洗涤至中性。加入无水硫酸钠 10g，静止 0.5h，用布氏漏斗过滤。

2. 称取 0.4g 十二烷基硫酸钠置于 100mL 烧杯中，加入 50mL 去离子水，略加热并手工搅拌使溶解。然后加入 1g OP－10 乳化剂，混合均匀，得组分 1。

3. 称取 0.4g 过硫酸铵置于 100mL 烧杯中，加入 16mL 去离子水，摇晃使溶解，得组分 2。

4. 在 250mL 烧杯中称入苯乙烯 26g、丙烯酸丁酯 27g、丙烯酸 1g，混合均匀，得组分 3。

5. 在装有搅拌器、温度计、冷凝器和滴液漏斗的四颈瓶中，加入全部的组分 1，加入 30%的组分 2 及组分 3，搅拌并升温，体系逐渐呈乳白色。当温度达到 80℃时，保温。15～30min 后，液面边缘呈淡蓝色，同时液面上的泡沫消失，表明聚合反应已开始。保持 15min，同时开始滴加剩余的组分 2 和组分 3，二者滴加速度为 1∶5，使组分 3 略先于组分 2 加完，控制在 1.5h 左右滴加完。

6. 保温 1h，撤去热源。搅拌下自然冷却至室温。

7. 取少量所得之乳液涂于洁净的平板玻璃上，室温下自然放置 2h，观察其干燥情况，正常情况下应得一表面坚硬的透明涂层。

8. 剩余产品集中回收。玻璃仪器及搅拌棒的清洗依次用热水、冷水洗净并晾干。

五、实验注意事项

1. 认真记录实验现象。

2. 简单评述本小组所得乳液产品的质量（如颜色、均匀性、稳定性等）。

3. 实验过程中注意控制滴加速度。

六、思考题

1. 从手册上查出聚苯乙烯和聚丙烯酸丁酯均聚物的玻璃化转变温度，然后计算本实验所得的苯丙共聚物的玻璃化转变温度。

2. 根据乳液聚合条件的不同，所得的乳液有时泛淡蓝色，有时泛淡绿色，有时甚至泛珍珠色光，通过这些现象，可对乳液的质量作出什么结论？

3. 将共聚配方种丙烯酸换成甲基丙烯酸是否可行？对乳液质量会有什么影响？

4. 乳液聚合和悬浮聚合相比有何异同？

5. 在苯丙乳液制备时，为什么采用均匀滴加的方式对混合单体进行加料？

实验五　苯乙烯-甲基丙烯酸甲酯自由基共聚反应竞聚率的测定

一、实验目的

1. 加深对共聚反应原理的理解和认识，学习测定共聚合单体竞聚率的方法；

2. 通过反应产物的处理，学习一种纯化聚合物的方法；

3. 掌握用紫外分光光度法测定苯乙烯-甲基丙烯酸甲酯共聚反应竞聚率的组成的方法，为聚合物的组成分析打下基础。

二、实验原理

若两种单体 M_1 和 M_2，共存于一个自由基聚合体系中，该体系应有四种链增长反应：

$$M_1^* + M_1 \xrightarrow{K_{11}} M_1M_1^*$$

$$M_1^* + M_2 \xrightarrow{K_{12}} M_1M_2^*$$

$$M_2^* + M_2 \xrightarrow{K_{22}} M_2M_2^*$$

$$M_2^* + M_1 \xrightarrow{K_{21}} M_2M_1^*$$

进而可以导出共聚物中两种单体含量之比与上述四个速度常数以及共聚单体浓度的关系式：

$$\frac{d[M_1]}{d[M_2]} = \frac{\frac{K_{11}}{K_{12}} \cdot \frac{d[M_1]}{d[M_2]+1}}{1+\frac{K_{22}}{K_{21}} \cdot \frac{d[M_2]}{d[M_1]}} = \frac{\left(r_1 \cdot \frac{d[M_1]}{d[M_2]}\right)+1}{1+\left(r_2 \cdot \frac{d[M_2]}{d[M_1]}\right)} \tag{5-1}$$

式（5-1）中，$r_1 = K_{11}/K_{12}$，$r_2 = K_{22}/K_{21}$，被定义为单体 M_1 和 M_2 的竞聚率。式（5-1）即为共聚合方程。r_1 表示自由基 M_1 · 对单体 M_1 及单体 M_2 反应的相对速率；r_2 表示自由基 M_2 · 对单体 M_2 及单体 M_1 反应的相对速率。竞聚率

是共聚合的重要参数，因为它在任何单体浓度下都支配共聚物的组成。

通过简单的数学换算，式（5－1）可以改写成种种更有用的形式。比如以 F 代表 d $[M_1]$ /d $[M_2]$，并将单体 M_2 的竞聚率写成单体 M_1 的竞聚率 r_1 的函数形式，可以得到方程（5－2）：

$$r_2=\frac{1}{F}\left(\frac{[M_1]}{[M_2]}\right)^2\cdot r_1+\left(\frac{[M_1]}{[M_2]}\right)\left(\frac{1}{F}-1\right) \tag{5-2}$$

据此，我们可以从实验数据求出单体的竞聚率 r_1 和 r_2，式（5－2）中 F 以及 $[M_1]$、$[M_2]$ 都可由实验测出（在转化率很低于 5%时，单体浓度可以用投料时的浓度代替）。对于每一组 F 及单体浓度值，我们都可以根据式（5－2）作出一条直线。因式（5－2）中 r_1 和 r_2 都是未知数，作图时需首先人为地给 r_1 规定一组数值，然后按式（5－2）算出相应于各 r_1 时的 r_2，再以 r_2 对 r_1 作图，便能得出一条直线。这些直线在图上相交点的坐标便是两单体的真实竞聚率 r_1 和 r_2。

相似地，可将式（5－2）写成（5－3）：

$$\left(\frac{[M_1]}{[M_2]}\right)\left(\frac{1}{F}-1\right)=r_2-\frac{1}{F}\left(\frac{[M_1]}{[M_2]}\right)^2\cdot r_1 \tag{5-3}$$

因此，只要由实验的不同 $[M_1]$ 与 $[M_2]$ 时的 F 值便可由作图法求出共聚单体的 r_1 与 r_2 的值。为精确起见，实验常常是在低转化率下结束。这时 $[M_1]$ 与 $[M_2]$ 可由投料组成决定，剩下的工作就只有共聚物中两共聚单体成分含量的比 F 值测定了。

有许多方法可以用来测定共聚物中各单体成分的含量。表 5－1 比较了不同方法测得的几个苯乙烯与甲基丙烯酸甲酯的共聚物样品中甲基丙酸甲酯的百分含量值。

表 5－1　不同方法测得共聚物中 MMA 的百分含量

样品	共聚物中 MMA 的百分含量				
	元素分析	红外法	紫外法	磁	折射率
1	74.4	74.0	78.5	73.5	72.8
2	58.1	53.0	57.7	—	57
3	42.2	41.0	48.5	40.2	41.5
4	23.0	23.5	28.7	24.1	21.5

本实验介绍用紫外分光光度法测定共聚物组成的原理和方法。用紫外光谱法测定共聚物组成时，假定共聚物中某单体成分的含量 c 在某紫外光谱上的吸收率 A 的关系符合 Lamber－Beer 定律：

$$A=\varepsilon bc$$

式中，b 为样品池厚度；ε 为所测成分的摩尔吸收系数。ε 可由该单体的均聚物样品同一波长上的吸收率 A 和均聚物中单体结构单元的摩尔浓度求得。于是 b 和 ε 为已知，只要测定各共聚物样品在同一波长的吸收率 A 便可计算出共聚物中该单体的摩尔浓度 c。

用紫外光谱测定共聚物组成，先用两个单体的均聚物作出工作曲线。其过程是将两均聚物按不同配比溶于溶剂中组成一定浓度的高分子共混溶液，然后用紫外分光光度计测定某一特定波长下的摩尔消光系数。在该波长下共混溶液的摩尔消光系数与两均聚物之摩尔消光系数 K_1 与 K_2 应有如下关系式：

$$K=\frac{\chi}{100}K_1+\frac{100-\chi}{100}K_2=K_2+\frac{K_1-K_2}{100}\cdot\chi \tag{5-4}$$

摩尔消光系数为 K_1 的均聚物在共混物中的摩尔含量以 $\chi/100$ 表示，另一均聚物的含量为（$100-\chi$）/100，其摩尔消光系数为 K_2。由含不同 χ 值的共混的 K 值对 χ 作图所得直线即为工作曲线。今假定共聚物中两单体成分的含量及摩尔消光系数的关系满足上式，则可由在相同的实验条件下测得的共聚物消光系数 K 从工作曲线上找到该共聚物的组成 χ 值。

三、仪器和药品

1. 仪器

试管 15mm×200mm，翻口塞，注射器，恒温水浴，紫外分光光度计一台。

2. 药品

新蒸苯乙烯 9mL 和甲基丙烯酸甲酯 11mL，偶氮二异丁腈，氯仿，沸程为 60～90℃的石油醚。

四、实验内容

1. 用紫外分光光度计测定苯乙烯和甲基丙烯酸甲酯两单体在自由基共聚时的竞聚率，制备一组配比不同的聚苯乙烯和聚甲基丙烯酸甲酯混合物的氯仿溶液，溶液中聚合物组成单元的摩尔比如表 5-2 所示。

表 5-2　溶液中聚合物组成单元的摩尔比

样品	PMMA	PS	消光系数	样品	PMMA	PS	消光系数
1	0	100		4	60	40	
2	20	80		5	70	30	
3	40	60		6	100	0	

用紫外分光光度计测定波长为265nm处的摩尔消光系数，根据测定结果作出工作曲线。

2. 取5个15mm×200mm试管，洗净，烘干，塞上翻口塞，在翻口塞上插入两根注射针头，一根通氮气，一根作为出气孔，将100mg偶氮二异丁腈溶解在5mL甲基丙烯酸甲酯中作为引发剂。

用注射器在编了号码的5个试管中分别加入如下数量的新蒸馏的MMA和苯乙烯，见表5-3。

表5-3　不同试管中加入的MMA与苯乙烯的体积

试管号	单体MMA/mL	单体St/mL	试管号	单体MMA/mL	单体St/mL
1	0.6	3.2	4	6.5	3
2	1.4	2.4	5	3.8	—
3	2.2	1.6			

用一只1mL注射器向每个试管中注入0.2mL引发剂溶液，将5个试管同时放入80℃恒温水浴中并记录时间。1—5号试管的聚合时间分别控制为15min、15min、30min、15min、15min。

用自来水冷却每个由水浴中取出的试管，倒入10倍量的石油醚将聚合物沉淀出来。聚合物经过过滤抽干后溶于少量氯仿，再用石油醚沉淀一次，将聚合物过滤出来并放入80℃真空烘箱中干燥至恒重。

将所得各聚合物样品制成约10^{-3}mol/L氯仿溶液，在265nm波长下测定溶液的吸光度K，对照工作曲线求出各聚合物的组成，然后按照公式（5-2）和（5-3）用作图法求出r_1与r_2。

五、注意事项

1. 了解自由基共聚合机理，理解紫外分光光度法测定共聚物组成的基本原理；

2. 学会竞聚率的计算，熟悉整个操作程序，并思考还有哪些方法可以用来测定共聚物的组成。

六、思考题

1. 叙述测定共聚合单体竞聚率的各种方法并对照它们的优缺点。

2. 苯乙烯与甲基丙烯酸甲酯两共聚单体在自由基共聚合与离子型共聚合中表现出不同的竞聚率，请解释其原因。

3. 为什么某些不能均聚的物质能参加共聚合？

4. 根据单体和自由基的空间和极性要求以及它们的相对活性，估计下列单体对在进行自由基共聚合时的竞聚率值：苯乙烯-乙酸乙烯酯，苯乙烯-甲基丙烯酸甲酯，丙烯酸甲酪-顺丁烯二酸酐，氯乙烯-丙烯腈。比较你的估计值与实验测定的数值。实验测定的数值可从聚合物手册（Polymer Handbook）中查出。

5. 简略讨论两种可用于测定共聚物组成的方法。

6. 阿尔弗雷-普赖斯方程中的 Q 和 e 相当于什么参数，高 Q 值和低 Q 值之间有什么结构上的差别？正 e 值和负 e 值之间有什么结构上的差别？

实验六　氨基丙烯酸酯树脂涂料的制备

聚丙烯酸酯是一大类聚合物的总称，其单体包括丙烯酸及其酯类和甲基丙烯酸及其酯类。较重要的有（甲基）丙烯酸、（甲基）丙烯酸甲酯、（甲基）丙烯酸丁酯等。它是一类十分重要的高分子，通常无色透明，具有良好的光泽、耐候性、保色性、耐污染性、成膜性等，因此，可用于制备塑料和涂料等。

聚丙烯酸酯在涂料方面的应用是其主要用途之一，目前由它们制备的涂料已在汽车、家用电器、机械、仪器仪表、建筑、皮革等领域得到广泛使用，并且应用领域还有不断扩大的趋势。

聚丙烯酸酯涂料的不足之处是其涂层的丰满度较差，耐溶剂性不好。聚丙烯酸酯涂料的这些缺点可通过与其他树脂配合使用而得到改善。例如，在聚丙烯酸酯分子中引入活性基团，如羟基、羧基、环氧基等，再与氨基树脂、环氧树脂、聚氨酯等配合，可形成交联型的网状结构涂层。这类涂层表观丰满，不溶、不熔，坚韧耐用。

一、实验目的

1. 理解聚丙烯酸酯与氨基树脂的作用机理；
2. 熟悉氨基丙烯酸酯树脂涂料的组分，并了解各组分的作用；
3. 掌握聚丙烯酸酯活性树脂以及氨基丙烯酸酯树脂涂料的制备方法。

二、实验原理

聚丙烯酸酯可通过自由基聚合获得。制备涂料时，一般采用溶液聚合法。常用的溶剂有苯、甲苯、二甲苯、醋酸乙酯、二氯乙烷、甲基异丁基酮等。引发剂一般采用过氧化二苯甲酰或偶氮二异丁腈。丙烯酸酯单体的聚合活性较大，如果溶剂选择适当，聚合中不易发生链转移反应，因此分子量往往较大，从而使溶液的黏度较大，于涂料的施工性不利，因此聚合过程中常需适当加入分子量调节剂。常用的分子量调节剂有十二烷基硫醇等，用量为单体量的0.05%左右。为了在聚丙烯酸酯分子中引入活性基团，常还需要一些功能性单体，如（甲基）丙烯酸羟乙酯、（甲基）丙烯酸羟丙酯、（甲基）丙烯酸环氧丙酯等。

聚丙烯酸酯分子中各种结构单元的比例对涂料的性能影响很大。一般情况下，软性单体（如丙烯酸丁酯）与硬性单体（如甲基丙烯酸甲酯）的质量比为40∶60，功能性单体用量一般为单体总质量的10%～20%，聚合物的数均分子量则控制在5000～8000。

上述聚合所得的聚丙烯酸酯溶液为浅黄色黏性液体，具有良好的稳定性，可长期存放。

涂料用氨基树脂是一种多官能团的化合物，以含有（$-NH_2$）官能团的化合物与醛类（主要为甲醛）加成缩合，然后生成的羟甲基（$-CH_2OH$）与脂肪族一元醇部分醚化或全部醚化而得到的产物。根据采用的氨基化合物的不同可分为四类：脲醛树脂、三聚氰胺树脂、苯代三聚氰胺树脂、共聚树脂。

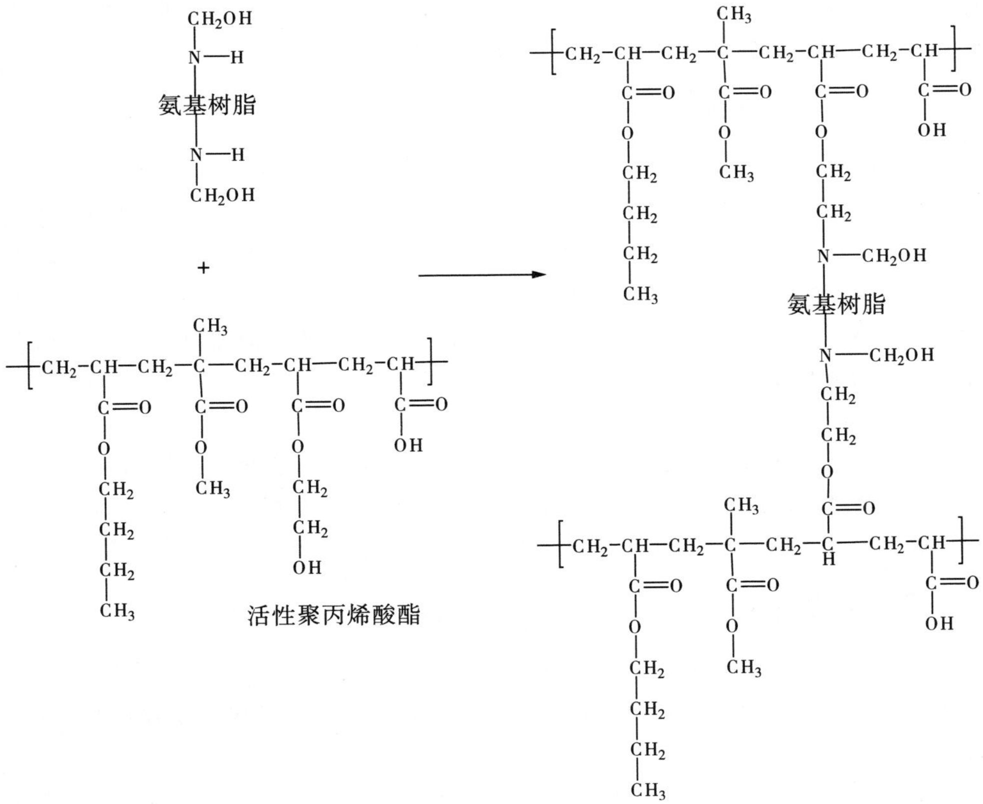

氨基树脂

活性聚丙烯酸酯

氨基树脂

图 6-1　聚丙烯酸酯与氨基树脂反应示意图

若单独用氨基树脂，制得漆膜太硬，而且发脆，对底材附着力差，所以通常和能与氨基树脂相容并且通过加热可交联的其他类型树脂合用。它可作为油改性醇酸树脂、饱和聚酯树脂、丙烯酸树脂、环氧树脂、环氧酯等的交联剂，这样的匹配，通过加热能够得到三维网状结构的有强韧性的漆膜，根据所使用的氨基树脂和匹配的其他树脂的变化，得到的漆膜也各有特色。

用氨基树脂作交联剂的漆膜具有优良的光泽、保色性、硬度、耐药品性、耐水及耐候性等，因此，以氨基树脂作交联剂的涂料广泛地应用于汽车、工农业机械、钢制家具、家用电器和金属预涂等工业涂料。氨基树脂在酸催化剂存在时，可在低温烘烤或室温下固化，这种性能可用于反应性的二液型木材涂装和汽车修补用涂料。

在实际应用中，活性聚丙烯酸酯与氨基树脂分别包装，因此称为双组分涂料。使用时，按比例现场调配，将活性聚丙烯酸酯溶液与氨基树脂直接混合，即可制成丙烯酸酯氨基涂料。通常，控制氨基树脂与活性聚丙烯酸酯的质量比为1∶1.2～1∶1.5。按此比例调配好的涂料的适用期约为4～5h。

三、仪器与药品

1. 仪器

标准磨口四颈瓶（250mL/14mm×1，24mm×3）一只；球形冷凝器（300mm）一支；温度计（150℃）一支；滴液漏斗（100mL）一只；加热套（500mL）一个；温控装置一套；电动搅拌装置一套；烧杯（200mL）一只；表面皿（80mm）一块；马口铁板（50mm×120mm）一块；油漆刷一把；玻璃搅棒一根；脱脂棉花若干。

2. 药品

丙烯酸丁酯45g，聚合级；甲基丙烯酸甲酯30g，聚合级；丙烯酸-β-羟乙酯13g，聚合级；丙烯酸2g，聚合级；醋酸丁酯55g，化学纯；甲苯55g，化学纯；偶氮二异丁腈0.5g，化学纯；氨基树脂15g，工业级；丙酮若干，化学纯。

四、实验内容

1. 将丙烯酸丁酯45g、甲基丙烯酸甲酯30g、丙烯酸-β-羟乙酯13g、丙烯酸2g依次称量放入烧杯中，加入偶氮二异丁腈0.5g，用搅拌棒搅拌使之溶解，备用。

2. 在装有搅拌器、温度计、冷凝器的四颈瓶中，加入醋酸丁酯和甲苯各55g。装上滴液漏斗，漏斗中加入混合单体。

3. 开动搅拌器，升温至四颈瓶中溶剂开始回流（约110℃），注意回流不要太剧烈。从漏斗中放约1/4的混合单体到四颈瓶中，保温反应。

4. 约0.5h后，可发现四颈瓶中物料的旋涡状发生变化，表明聚合已经开始；滴加剩余混合单体，控制滴加速度为2～3滴/s，2h左右滴完。若回流较剧烈，可适当减慢滴加速度。

5. 单体滴加完后，保温2h。撤去热源，搅拌下自然冷却至室温。产物为浅黄色黏稠状液体。

6. 准确称取聚合物2g于表面皿上，送入120℃烘箱中烘至恒重，计算固体含量；然后将20g聚合物用醋酸丁酯调整固体含量至45%。

7. 用上述调整好的活性聚丙烯酸酯溶液与15g氨基树脂混合，搅拌均匀，得氨基丙烯酸酯树脂涂料。

8. 取马口铁一块，用脱脂棉花蘸取丙酮擦洗干净，晾干。

9. 用油漆刷蘸取涂料，均匀涂刷于马口铁上，于60℃烘箱烘约0.5h后表面可干燥，得到透明、光亮的涂层。

五、注意事项

1. 树脂聚合时，加热套一般控制在120℃左右。加热套太高，则回流太剧烈，部分单体会因挥发而损失。瓶壁上的聚合物也会因温度太高而结焦，使树脂颜色变深。

2. 本实验中配置的丙烯酸酯氨基涂料的施工适用期约为5h左右，存放时间过长，将会自行固化，因此宜现用现配。

3. 涂刷清漆时，应遵循少量多道的原则，即每次用漆刷蘸取少量清漆，在马口铁上反复顺同一方向涂刷，直到形成均匀的涂层为止。

六、思考题

1. 本实验采用的逐步滴加法制备丙烯酸酯树脂。若将全部单体一次性加入聚合体系进行聚合，理论上是否可行？实际工艺上可能会出现什么现象？

2. 制备聚丙烯酸酯的配方中，丙烯酸对最终产品起什么作用？

3. 假设聚丙烯酸酯的数均分子量为8000，试用Carothes凝胶点方程估算本实验所配的清漆固化时的临界反应程度Pc。

4. 影响产品固含量的因素主要有哪些？

5. 溶剂型丙烯酸酯涂料相对于乳液型丙烯酸酯涂料优缺点分别是什么？

实验七　聚酯反应的动力学关系测定

一、实验目的

1. 深入理解缩聚反应的基本规律；

2. 掌握测定缩聚反应动力学参数和验证反应级数的方法，熟悉缩聚反应动力学研究的基本方法；

3. 观察与分析副产物的析出情况，进一步了解缩聚反应速率常数测定的基本原理。

二、实验原理

缩聚反应（Condensation Polymerization）在高分子合成工业中占有极其重要的地位。许多为人们熟悉并广泛应用的聚合物，如聚酯纤维、不饱和聚酯树脂、氨基树脂以及尼龙、酰胺树脂等都是通过缩聚反应制备的。现代科学技术、工程技术所需要的一些性能要求特殊的聚合物，如聚碳酸酯、聚砜、聚酰亚胺等工程塑料，也都是通过缩聚反应获得的。因此，缩聚反应的研究，无论是在理论上，还是在实践中，都有着十分重要的意义。

通过缩聚反应的动力学研究，可以了解反应的进行历程，预测反应的周期和产物的分子量及其分布，为制定聚合物合成工艺条件、提高聚合物质量提供理论依据。因此缩聚反应的动力学研究一直受到高分子科学工作者的特别关注。缩聚反应动力学的研究，以聚酯反应和聚酰胺反应为多，具有一定的代表性和典型性。

本实验采用等摩尔的二元酸与二元醇通过逐步缩聚反应可形成高分子量的聚酯。如己二酸与乙二醇的缩聚生成聚酯，同时放出低分子的副产物——水：

$$n\,\mathrm{HOCH_2CH_2OH} + n\,\mathrm{HOOC(CH_2)_4COOH} \rightleftharpoons$$

$$\mathrm{HO}\!\left[\mathrm{CH_2CH_2{-}O{-}\overset{\displaystyle O}{\overset{\|}{C}}{-}(CH_2)_4{-}\overset{\displaystyle O}{\overset{\|}{C}}{-}O}\right]_n\!\mathrm{H} + (2n-1)\,\mathrm{H_2O}$$

所以，从本质上看，聚酯反应与低分子化合物的酯化反应是相同的。

从缩聚反应的官能团等活性概念出发，可导出上述聚酯反应的数均聚合度 $\overline{X}_n$ 与反应程度 P 之间的关系：

$$\overline{X}_n=\frac{1}{1-P} \tag{7-1}$$

$$P=\frac{C_0-C_t}{C_0} \tag{7-2}$$

式（7－2）中：C_0——起始羧基或羟基浓度；

C_t——t 时刻的羧基或羟基浓度。

由于聚酯反应过程中定量放出低分子副产物水，因此，实验中，可通过定量测定放出的水的体积来求出数均聚合度 $\overline{X}_n$ 和反应程度 P。

设当羧基或羟基全部消耗完毕放出的水的体积为 V_0，t 时刻实际放出的水的体积为 V_t，则数均聚合度 $\overline{X}_n$ 和反应程度 P 可由以下两式求得：

$$P=\frac{V_t}{V_0} \tag{7-3}$$

$$\overline{X}_n=\frac{V_0}{V_0-V_t} \tag{7-4}$$

若缩聚反应中加入对甲苯磺酸作为催化剂，因催化剂浓度不随反应程度的提高而变化，则聚合过程为二级反应，其动力学方程为：

$$-\frac{\mathrm{d}C}{\mathrm{d}t}=k\,[\mathrm{H}^+]\,C^2=k'C^2 \tag{7-5}$$

积分代换后，可得

$$\frac{1}{1-P}=\overline{X}_n=k'C_0t+\text{积分常数} \tag{7-6}$$

式（7－6）中，k' 为缩聚反应速率常数，(g/mmol · min)。

根据式（7－6）作 $C_0t-\overline{X}_n$ 图，即可求出反应速率常数 k'。如果 $C_0t-\overline{X}_n$ 关系为线性关系，则可验证此聚合反应为二级反应。

由求出的反应速率常数 k'，根据 Arrhenious 方程：

$$k=A\mathrm{e}^{-E_a/RT} \tag{7-7}$$

可从不同温度 T 下测得的 k' 值求得反应活化能 E_a 和碰撞因子 A。

三、仪器与药品

1. 仪器

标准磨口三颈瓶（250mL/24mm×3）一只；球形冷凝器（300mm）一支；分水器（100mm）一只；温度计（200℃，250℃）各一支；加热套（500mL）一个；温控装置一套；电动搅拌装置一套；烧杯（100mL）两只。

2. 药品

己二酸 73g（0.5mol），CP；乙二醇 31g（28mL），CP；对甲苯磺酸（已溶入乙二醇）0.5g（0.05mmol）。

四、实验内容

1. 将准确称量的己二酸 73g 投入三颈瓶中。对甲苯磺酸溶于乙二醇中，也投入三颈瓶中。

2. 15min 内升温至 140℃；在 140℃±2℃下保持 1.5h，注意搅拌速度不要太快。在这段时间内每隔 15min 测定一次析出的水量。

3. 然后在 15min 内将体系温度升至 180℃，保持此温度 1.5h，同样每隔 15min 测定一次析出的水量。

4. 将实验数据列于下表中，并作各恒温温度下的反应时间-出水量图和作 $C_0t-\overline{X}_n$ 图，计算各温度时的 k'，并计算活化能 E_a 和碰撞因子 A。

序号	温度 ℃	时间 min	累计出水量 mL	$p=V_T/V_\infty$	$X_n=V_\infty/(V_\infty-V_T)$	速率常数 K	活化能 E
1							
2							
3							
4							
5							
6							
7							
8							
9							
10							

五、注意事项

1. 聚合装置的密封应良好，否则会使聚合放出的水分损失而影响测定结果。

2. 为保证快速升温，加热系统应采用盐浴，并有良好的温控装置。

六、思考题

1. 讨论逐步聚合反应的特点，并与连锁聚合反应比较。
2. 本实验中，若不加外催化剂，则聚合反应速率常数 k' 如何计算？
3. 聚酯与聚酰胺的聚合反应动力学有什么不同？
4. 对聚酰胺来说，聚合反应速率常数 k' 如何计算？
5. 本实验中，引起结果误差的主要因素是什么？

实验八　二苯甲酮-钠的制备和苯乙烯阴离子聚合反应

一、实验目的

1. 加深对阴离子聚合原理和特点的理解；
2. 掌握二苯甲酮-钠引发的阴离子聚合的实验方法；
3. 熟悉阴离子聚合的整个操作过程。

二、实验原理

阴离子聚合的活性中心是阴离子，可以是自由离子、离子对以及它们的缔合状态。活性中心可以由碱金属、金属烷基化合物和其他亲核试剂引发产生。碱金属可以单独引发阴离子聚合，Li、Na、K 外层只有一个价电子，容易转移给单体，生成阴离子引发聚合。但是碱金属不溶于溶剂，属非均相体系，利用率低。因此通常采用一有机中间体，碱金属将电子转移给中间体，形成自由基-阴离子，再将活性转移给单体；自由基-阴离子在极性溶剂中是均相体系，碱金属的利用率高，这属于电子间接转移引发机理，其引发机理与碱金属的种类和溶剂性质有关。本实验采用二苯甲酮-钠作为引发体系，具体过程如下：

碱金属与二苯甲酮反应，生成深蓝色的二苯甲酮-钠阴离子自由基，二苯甲酮-钠阴离子自由基进一步与钠反应生成紫红色的二苯甲酮-钠。

$$Na + C_6H_5-\overset{O}{\overset{\|}{C}}-C_6H_5 \longrightarrow C_6H_5-\overset{\bullet}{\underset{O^-Na^+}{C}}-C_6H_5$$

Ⅰ 深蓝色

$$C_6H_5-\overset{\bullet}{\underset{O^-Na^+}{C}}-C_6H_5 + Na \longrightarrow C_6H_5-\overset{Na}{\underset{O^-Na^+}{C}}-C_6H_5$$

Ⅱ 紫红色

二苯甲酮-钠与苯乙烯反应生成红色的苯乙烯自由基阴离子，两个苯乙烯阴离子偶合形成苯乙烯二聚体的双阴离子，它为真正的阴离子活性种。苯乙烯双阴离子进而与单体加成而进行聚合，聚合物数均聚合度为 $[M]_0/[I]_0$ 的两倍。苯乙烯阴离子的颜色为深红色，由此可以判断反应是否进行。

$CH_2=CH(C_6H_5)$ + $(C_6H_5)_2C(Na)(O^-Na^+)$ ⟶ $(C_6H_5)_2\dot{C}(O^-Na^+)$ + $[\dot{C}H_2—CH(C_6H_5)]^-Na^+$

Ⅲ　红色

$2[\dot{C}H_2—CH(C_6H_5)]^-Na^+$　　$Na^{+-}[CH(C_6H_5)—CH—CH—CH(C_6H_5)]^-Na^+$

Ⅳ　深红色

三、仪器与药品

1. 仪器

聚合管，注射器，注射针头。

2. 药品

甲苯，苯乙烯，四氢呋喃，钠，二苯甲酮，乙醇。

四、实验内容

1. 溶剂和单体的精制见指导书高分子化学实验基础知识第（六）部分。

2. 二苯甲酮-钠引发剂的制备

将 7mL 无水甲苯加入到干燥的聚合管中，取 0.5g 钠用甲苯洗去表面油污。用试管夹夹紧聚合管，将其用酒精灯加热，待甲苯接近沸腾时，小心操作使金属钠熔化成小球，保持甲苯微沸 1min，注意聚合管口偏离火焰，然后迅速塞上橡皮塞，用手指压紧橡皮塞，趁钠处于熔化状态，用力振荡将金属钠分散成细粒状，继续振荡至钠粒凝固。若钠粒分散不够理想，可打开橡皮塞重新操作。用注射器将聚合管中甲苯吸出，并用少量四氢呋喃洗涤一次。取 6g 二苯甲酮加入到 250mL 干燥烧瓶中，塞上橡皮塞，用注射器加入 100mL 四氢呋喃，振摇使二苯甲酮完全溶解。向聚合管中加入 5mL 上述二苯甲酮-四氢呋喃溶液，不断振摇并观察溶液颜色变化，直至溶液呈深紫色。

3. 苯乙烯阴离子聚合

在聚合管的橡皮塞上先插一注射针头，然后用注射器缓慢加入 3mL 干燥苯乙烯，轻轻摇动，观察体系颜色变化和黏度变化，聚合过程有大量热量生成，会导致聚合管发热。待体系温度恢复正常时，打开橡皮塞，加入 5mL 四氢呋喃，使之与聚合溶液混合均匀，再在烧杯中用 150mL 乙醇沉淀聚合物，聚合管中残留物用少量四氢呋喃溶解洗出，一并沉淀。用布氏漏斗过滤，乙醇洗涤，抽干，于真空烘箱内干燥，称重，计算产率。

五、注意事项

1. 本实验中所用的溶剂均应是无水的。甲苯、四氢呋喃蒸前均需用氢化钙干燥。苯乙烯用 10%氢氧化钠水溶液洗除对二酚，再水洗至无碱性，先用氯化钙再用氢化钙干燥后减压蒸馏。

2. 金属钠遇水易着火，如空气湿度太大，在将钠切小或清除其表层氧化物时亦会引起自燃。钠的熔点为 97.8℃，甲苯沸点为 119.6℃。热甲苯中的钠是液体，用力一摇即粉碎成小颗粒。由于从火源取出，加上一摇，热的甲苯接触冷的试管壁，管内压力很快下降，所以握住塞子用力摇是很安全的。

3. 在苯乙烯加入到催化剂的试管之前，可以先用注射器往试管中注入高纯氮，将管内负压破坏后再注入苯乙烯，就不会发生一下子将苯乙烯吸入的情况，操作就比较安全了。但是在聚合过程中加入苯乙烯时速度要慢，防止温度升高，影响反应进行。

4. 聚合物的溶液倒入乙醇来沉淀聚合物，如其中单体、溶剂没有充分扩散出来，聚合体是团状的，如果直接用布氏漏斗过滤，进入减压烘箱干燥时，其中包裹的溶剂、单体沸腾，聚合物将变成像泡沫塑料一样，甚至布氏漏斗装不下而溢到外面。避免这种情况的最好办法是将面团状的聚合物剪成小块，在新换的乙醇中再浸泡约半小时直至聚合体变硬即可。

六、思考题

1. 是否可以使用苯代替甲苯来制备二苯甲酮-钠引发剂，为什么？
2. 说明单独使用碱金属引发阴离子聚合的引发机理。
3. 二苯甲酮-钠与苯乙烯反应生成的活性种是什么？
4. 还可以采用其他的引发剂引发苯乙烯的阴离子聚合吗？举例说明。
5. 在聚合过程中为什么要缓慢加入干燥苯乙烯并轻轻摇动？

实验九　聚乙烯醇缩醛（维尼纶）的制备

一、实验目的

1. 加深对高分子化学反应基本原理的理解；
2. 掌握聚乙烯醇缩醛的制备方法；
3. 了解缩醛化反应的主要影响因素。

二、基本原理

聚乙烯醇缩醛树脂在工业上被广泛用于生产黏合剂、涂料、化学纤维。品种主要有聚乙烯醇缩甲醛、聚乙烯醇缩乙醛、聚乙烯醇缩甲乙醛、聚乙烯醇缩丁醛等。其中以聚乙烯醇缩甲醛和聚乙烯醇缩丁醛最为重要，前者是化学纤维“维尼纶”和“107”建筑胶水的主要原料，后者可用于制造“安全玻璃”。

聚乙烯醇缩甲醛随缩醛度的不同，性质和用途有所不同。缩醛度在35%左右，就得到人们所称为“维尼纶”的纤维，纤维的强度是棉花的1.5～2.0倍，吸湿性5%，接近天然纤维，故又称为“合成棉花”。如果控制缩醛度在较低水平，由于聚乙烯醇缩甲醛分子中含有羟基、乙酰基和醛基，因此有较强的粘接性能，可用作胶水使用，用来粘接金属、木材、玻璃、陶瓷、橡胶等。聚乙烯醇缩甲醛是由聚乙烯醇在酸性条件下与甲醛缩合而成的。其反应方程式如下：

$$-\underset{\displaystyle OH}{\underset{|}{CH}}-CH_2-\underset{\displaystyle OH}{\underset{|}{CH}}-CH_2- + HCHO \xrightarrow{H^+} -\underset{\displaystyle O}{\underset{|}{CH}}-CH_2-\underset{\displaystyle O}{\underset{|}{CH}}-CH_2- + H_2O \quad (\text{两个 O 通过 } CH_2 \text{ 相连})$$

由于几率效应，聚乙烯醇中邻近羟基成环后，中间往往会夹着一些无法成环的孤立的羟基，因此缩醛化反应不能完全。为了定量表示缩醛化的程度，定义已缩合的羟基量占原始羟基量的百分数为缩醛度。

由于聚乙烯醇溶于水，而反应产物聚乙烯醇缩甲醛不溶于水，因此，随着反应的进行，最初的均相体系将逐渐变成非均相体系。本实验是合成水溶性聚乙烯醇缩甲醛胶水，实验中要控制适宜的缩醛度，使体系保持均相。如若反应过于猛烈，则会造成局部高缩醛度，导致不溶性物质存在于胶水中，影响胶水的质量。因此，反应过程中，要特别严格控制催化剂用量、反应温度、反应时间及反应物比例等因素。

三、仪器和药品

1. 仪器

250mL 三口瓶一只，电动搅拌器一台，温度计一支，冷凝器一只，恒温浴槽一只，10mL 量筒一只，100mL 量筒一只。

2. 药品

聚乙烯醇，1799，工业级，10g；甲醛，38%水溶液，4mL；盐酸，化学纯；NaOH 水溶液，8%，5mL；去离子水。

四、实验内容

1. 在 250mL 三口瓶中加入 90mL 去离子水，装上搅拌器、冷凝器和温度计。开动搅拌。加入 10g 聚乙烯醇。

2. 加热至 95℃，保温，直至聚乙烯醇全部溶解。

3. 降温至 80℃，加入 4mL 甲醛溶液，搅拌 15min。滴加 0.25mol/L 稀盐酸，控制反应体系 pH 值为 1～3。继续搅拌，反应体系逐渐变稠。当体系中出现气泡或有絮状物产生时，立即迅速加入 1.5mL8%的 NaOH 溶液，调节 pH 值为 8～9。冷却，出料，得无色透明黏稠液体，即为一种化学胶水。

五、注意事项

要严格控制催化剂用量、反应温度和反应时间，在加热过程中要注意观察体系的变化，控制好反应程度。

六、思考题

1. 为什么在反应结束后要调节 pH 值？

2. 为什么缩醛度增加，水溶性会下降？

3. 为什么以较稀的聚乙烯醇溶液进行缩醛化？

4. 聚乙烯醇缩醛化反应中，为什么不生成分子间交联的缩醛键？

5. 聚乙烯醇缩甲醛粘黏剂在冬季极易凝胶，怎样使其在低温时同样具有很好的流动性和黏合性？

实验十　Ziegler－Natta 催化剂制备聚丙烯

一、实验目的

1. 加深对烯烃络合阴离子催化聚合的理解；
2. 由 Ziegler－Natta 催化剂制备聚丙烯；
3. 掌握齐格勒-纳塔催化剂制备立构规整聚合物的方法。

二、实验原理

丙烯和 1－丁烯等烯丙基单体由于在自由基聚合中容易发生严重的降解性链转移（退化链转移），生成活性很低的烯丙基自由基，不能以自由基聚合的方式生成高聚物。但是 Ziegler－Natta 催化剂不仅可以使这类单体聚合得到高分子量产物，而且还可以产生有高度立构规整性的产物。在 Ziegler－Natta 催化剂作用下，丙烯可以聚合成高分子量的全同立构聚丙烯。

典型的 Ziegler－Natta 催化剂包括主引发剂（周期表中Ⅳ～Ⅷ过渡金属化合物，如三氯化钛、四氯化钛等）、共引发剂（Ⅰ～Ⅲ主族的金属有机化合物，如三乙基铝，三异丁基铝和一氯二乙基铝等）和第三组分（含 N、P、O、S 的化合物，为给电子试剂）。由于它们在催化烯类单体聚合时是通过与单体及增长链形成络合物而发生作用的，它们又被称为络合催化剂。一个典型的络合催化剂的例子是由三异丁基铝和四氯化钛组成的络合物。一般认为，含钛催化剂的有效成分是三价的钛，比如四氯化钛与三异丁基铝经过如下反应生成三价钛：

$$TiCl_4 + (i-C_4H_9)_3Al \longrightarrow i-C_4H_9TiCl_3 + (i-C_4H_9)_3AlCl$$

$$i-C_4H_9TiCl_3 \longrightarrow TiCl_3 + i-C_4H_9$$

…………

值得注意的是，经上述反应产生的 $TiCl_3$，其晶体为 β－型。若以含 β－$TiCl_3$ 的催化剂引发丙烯和 1－丁烯等 α－烯烃的聚合，产物分子将缺乏立构规整性。为制备具有全同立构型的聚 α－烯烃，所用的 $TiCl_3$ 应具有 α、γ、δ－晶型。将 β－$TiCl_3$ 经过长时间的研磨可以转变为其他晶型，但适合于学生实验室的一个最方便的方法是将上述络合催化剂体系加热处理。比如在 185℃使$TiCl_4$（$i-C_4H_9$）$_3$A1络合物加热 40min，可以使催化体系中产生的$\beta-TiCl_3$转变为$\gamma-TiCl_3$，从而可以催化丙烯的全同立构聚合：

$$\beta-TiCl_3 \xrightarrow[400min]{185℃} \gamma-TiCl_3$$

三氯化钛是紫色的，而$\beta-TiCl_3$为棕色，根据颜色的变化可以判断$\gamma-TiCl_3$的生成。

本实验以$TiCl_4$-（$i-C_4H_9$）$_3$A1 为催化体系进行丙烯的全同立构聚合。

三、仪器和药品

1. 仪器

搅拌器，三口瓶，注射器，硅油浴，安全操作箱。

2. 药品

三异丁基铝（10%）溶液（或一氯二乙基铝溶液），$TiCl_4$，丙烯气（钢瓶装），氮气，甲醇，乙醇，十氢萘（无水）。

四、实验内容

1. 充分干燥本实验所用仪器，包括一个 500mL 三口瓶、一支回流冷凝器、磨口瓶塞、接头、气体导管、量筒、注射器等。

2. 用氮气置换三口瓶内空气，然后塞好塞子（若用电磁搅拌，则瓶内应放有磁子）。

3. 在充满氮气的安全操作箱内进行如下操作（箱内应放有一切需用之物，包括上述操作后干燥好的三口瓶、量筒、注射器、干燥的十氢萘、三异丁基铝溶液和四氯化钛等）。往三口瓶内加入 300mL 十氢萘，18mL10%三异丁基铝（0.008mol）和 15mL$TiCl_4$（0.005mol）。塞好塞子，瓶内混合物应呈棕色。由操作箱内取出三口瓶，将三口瓶装置在电磁搅拌器上，三口瓶应置于一可控温的硅油浴中。

4. 在通氮的情况下装好回流冷凝器和气体导管，出气导管末端装有液体石蜡尾气的检气装置和干燥管。

5. 加热使油浴温度保持在 185℃，维持 40min 使催化剂熟化。此期间催化剂应逐渐由棕色转变为紫色。

6. 撤去油浴使反应液冷至室温。将氮气改为丙烯气通入反应液中。聚合进行 2h 后结束反应。关掉丙烯气，往瓶中加入 20mL 甲醇（或乙醇）。滤出聚合物，产物用乙醇洗净、烘干、称重，计算产量和催化剂效率（以每小时每克钛所获聚合物量计）。

五、注意事项

1. 主引剂是卤化钛，性质非常活泼，在空气中吸湿后发烟、自燃，并可发生水解、醇解反应，共引发剂烷基铝，性质也极活泼，易水解，接触空气中氧和潮气迅速氧化、甚至燃烧、爆炸，因此在保持和转移操作中必须在无氧干燥的 N_2 中进行生产过程中，原料和设备要求除尽杂质，尤其是氧和水分。

2. 若在丙烯聚合的催化剂体系中加入二正丁基醚或二异戊醚等成分，可在较低温度下（如 65℃）将 $\beta-TiCl_3$ 转变为 α－型或 γ－型 $TiCl_3$。

3. 聚合完毕，需要除去残留引发剂。

六、思考题

1. 在用络合催化剂制备聚烯烃时，如何控制产物分子量？
2. 聚丙烯的规整度受哪些因素所左右？
3. 络合聚合制备立构规整的聚丙烯机理是什么？
4. 哪些重要的工业产品是用 Ziegler－Natta 催化剂合成的？
5. 在加料和反应过程中为什么要采用氮气保护？

实验十一　引发剂分解速度及引发剂效率的测定

一、实验目的

1. 掌握测定引发剂分解速度和效率的方法；
2. 了解测定原理。

二、实验原理

偶氮二异丁腈（AIBN）、过氧化苯甲酰（BPO）等引发剂按一级反应分解，分解速度可表示为：

$$R_i = 2K_d f\ [I]$$

式中，K_d为引发剂分解速度常数；f为引发剂效率；$[I]$为引发剂浓度。

测定自由基捕捉剂存在下的聚合反应诱导期，可以求得引发速度R_i，

$$R_i = [\text{捕捉期}]\ /\text{诱导期} \qquad (11-1)$$

理由是，引发剂分解产生能起引发单体聚合的自由基，当有自由基捕捉剂存在时，首先与捕捉剂反应，直至所有的捕捉剂分子反应完后才开始引发单体聚合。所以用捕捉剂浓度除以诱导期，就可以求出单位时间捕捉剂所消耗的自由基浓度。这些自由基如不被捕捉剂消耗，就将引发单体聚合。所以从式（11-1）求得的就是引发速度。

最常用的自由基捕捉剂是2，2-二苯基-1-苦味酰肼（DPPH）及2，2，6，6-四甲基-4-哌啶醇氮氧（TMPO），它们的结构式分别表示如下：

NO_2　NO_2　NO_2　N－N

(DPPH)

OH　CH_3　CH_3　CH_3　CH_3　N　O

(TMPO)

DPPH 呈一个深紫红色晶体，溶于一般有机溶剂。它本身稳定，不能引发单体聚合，但与自由基反应使自由基活性消失。

$$\text{(C}_6\text{H}_5)_2\text{N}-\dot{\text{N}}-\text{C}_6\text{H}_2(\text{NO}_2)_3 + \text{R}\cdot \longrightarrow \text{R}-\text{C}_6\text{H}_4(\text{C}_6\text{H}_5)\text{N}-\text{NH}-\text{C}_6\text{H}_2(\text{NO}_2)_3$$

反应比较特别，R 连在苯环上而不是连在氮原子上。

TMPO 是橙色晶体，它是哌啶醇用过氧化氢氧化制得，它溶于一般单体和有机溶剂，本身不引发单体聚合，但与自由基偶合成非活性物质：

$$\text{TMPO}(\text{N}-\dot{\text{O}}) + \text{R}\cdot \longrightarrow \text{N}-\text{OR}$$

（TMPO）

DPPH、TMPO 与自由基的反应是定量的，所以称自由基捕捉剂（radical scavenger）

用它们测定引发速度的方法如下：以 DPPH 为捕捉剂，AIBN 为引发剂，30℃进行苯乙烯（St）聚合，用膨胀计测定不同［DPPH］时 St 聚合的时间-转化率曲线（图 11－1）。

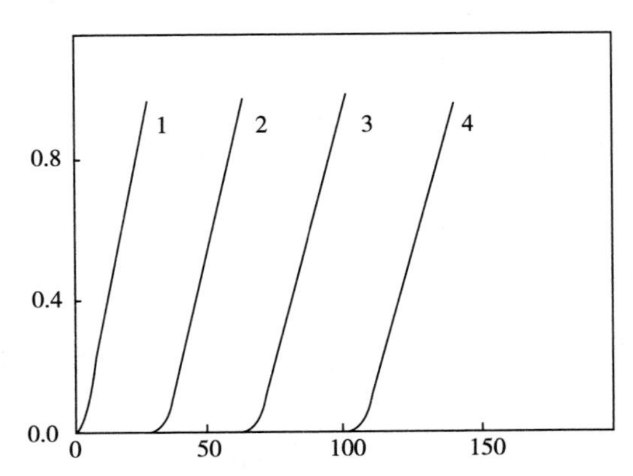

图 11－1　DPPH 存在下 AIBN 引发 St 聚合的时间-转化率

［AIBN］＝0.183mol/L［DPPH］(mol/L)

1——0；2——4.46×10^{-5}；3——8.92×10^{-5}；4——1.34×10^{-4}

从图 11－1 测得不同浓度 DPPH 时的聚合诱导期，与［DPPH］作图得直线（图 11－2），直线斜率即为单位时间（min）DPPH 减少的浓度，亦即引发速度 R_i。从图 11－2 求得斜率即 $R_i=1.164\times10^{-5}$ mol/（L·min），或 1.94×10^{-6} mol/（L·s）。

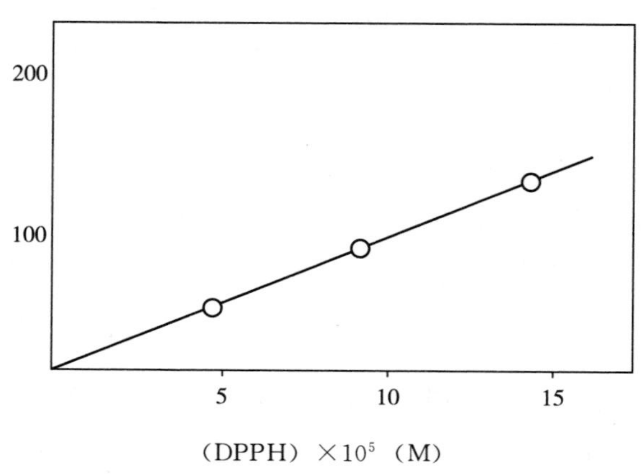

图 11－2 聚合诱导期与［DPPH］的关系

根据引发剂浓度 $R_i=2K_d f\,[I]$，则 $f=R_i/(2K_d\,[I])$，30℃ AIBN 的分解速度常数 $K_d=8.9\times10^{-5}\,s^{-1}$ 即 0.183mol/L，所以计算得 f 值：

$$f=1.94\times10^{-3}/(2\times8.9\times10^{-8}\times0.183)$$
$$=0.60$$

三、仪器和药品

1. 仪器

锥形瓶，带盖称量瓶，试管，刻度移液管，膨胀计，恒温槽。

2. 药品

苯乙烯，AIBN，TMPO，甲苯。

四、实验内容

1. 150mL 带塞锥形瓶中加新蒸苯乙烯 100mL，通氮气 10min，塞紧瓶塞备用。

2. 在一带盖 30mL 称量瓶中，用 10mL 刻度移液管吸入 20mL 上面通过氮气的苯乙烯。再精确称入约 1mg TMPO 自由基捕捉剂（［TMPO］$=2.92\times10^{-4}$ mol/L），盖好瓶盖，得溶液 A。取一 100mL 带塞锥形瓶。加 50mL 通氮气苯乙烯及 1600mg AIBN（［AIBN］≈0.2mol/L），盖好瓶塞，得溶液 B。剩下的

30mL 苯乙烯为溶液 C。

3. 准备四支 20mL 干净试管，编好号码 1、2、3、4。在膨胀计等一切准备就绪之后，将 A、B、C 三种溶液按下表所列毫升数加入 1、2、3、4 号试管。混匀之后，迅速加入相应的 1、2、3、4 号膨胀计，再分别架入恒温槽。记下各膨胀计放入槽内的时间，作为 t_0。注意观察，记下各膨胀计液柱升的最高刻度和液柱开始下降的时间，记为 t，$t-t_0$ 即为聚合诱导期。以 $t-t_0$ 对［TMPO］作图，直线斜率即为引发速度 R_i。再从 k_d（30℃，AIBN 的 $k_d=8.9\times10^{-8}\,s^{-1}$）和［AIBN］求引发剂效率 f。

试管号	溶液 A（mL）	溶液 B（mL）	纯单体（mL）
1	3	9	5
2	2	9	6
3	1	9	7
4	0	9	8

4. 实验完毕，取出膨胀计，将苯乙烯倒入回收瓶，用少量甲苯洗膨胀计底瓶和毛细管，再依次用丙酮和水清洗，烘干。

五、注意事项

1. 为减小实验误差，A、B、C 三种溶液不要一起配好，而是随用随配。

2. ［TMPO］为零的样品，由于膨胀计架入恒温槽有一定恒温过程，以及苯乙烯中少量氧（尽管预先通氮气，但不能完全排尽）的阻聚作用，直线一般不经过原点。图 11－1 中过原点的直线是扣除了这些影响之后画的。

3. 因为 R_i 是从图 11－2 的斜率求得的，若以上中所讨论的影响对各编号膨胀计都一样，则基本上不影响 R_i 值。

六、思考题

1. 本实验中 TMPO 的浓度用 mol/L 表示，若用 ppm 表示，分别为多少？（假定溶液的比重均同纯苯乙烯，$d=0.907$g/mL）。

2. TMPO 是否一定要称 1.0mg？多些少些是否有关系？

3. 讨论本实验可能的实验误差。

4. 本实验求引发速率 R_i 的最基本根据是什么？

5. 本试验过程中为什么要通氮气保护？如果不通氮气会对实验结果产生什么样的影响？

实验十二　尼龙-6，6和尼龙-6的制备

一、实验目的

1. 掌握尼龙-6，6和尼龙-6的制备方法；
2. 了解双功能基单体缩聚和开环聚合的特点。

二、实验原理

双官团能单体a-A-a，b-B-b缩聚生成的高聚物的分子量主要受三方面因素的影响，一是两种二元化合物的反应程度P。若两单体等摩尔，此时反应程度P与缩聚物分子量的关系为：

$$\overline{Xn}=\frac{1}{1-P}$$

式中，$\overline{Xn}$为以结构单元为基准的数均聚合度，P为反应程度即官能团反应的百分数。

二是缩聚反应本身的平衡常数K。若a-A-a、b-B-b等摩尔，生成的高聚物分子量与a-A-a、b-B-b反应的平衡常数K的关系为：

$$\overline{Xn}=\frac{K}{n_w}$$

n_w为缩聚体系中残留的小分子（如H_2O）的浓度。K越大，体系中小分子n_w越小，越有利于生成高分子量缩聚物。

第三个影响因素是a-A-a，b-B-b的摩尔比，其定量关系式可表示为：

$$\bar{X}n=\frac{2}{q}+1\approx\frac{2}{q}$$

式中，q为a-A-a（或b-B-b）过量的摩尔分数。

己二酸与己二胺的缩聚是在熔融状态下进行的，需要加热到260℃左右。由于二胺在缩聚温度260℃时易升华损失，以至很难控制配料比，所以实际上是先将己二酸与二胺制得6，6盐，用纯化的6，6盐直接进行缩聚。由于6，6盐中

的己二胺在260℃高温下仍能升华，影响缩聚过程中的配料比，从而影响分子量，甚至得不到高分子量产物，因此实验室采用降低缩聚温度（200～210℃）以减少二胺损失的办法进行预缩聚。具体操作是在反应进行一定时间（一般1～2h）后，再将缩聚温度提高到260℃或270℃。己二酸、己二胺生成6，6盐，及其再缩聚成尼龙-6，6的反应式可表示如下：

$$\underset{\text{Hexandioic acid}}{HOOC{+}CH_2{+}_4COOH} + \underset{\text{Hexanediamide}}{H_2N{+}CH_2{)}_6{-}NH_2}$$

$$\xrightarrow{\text{ethanol}} \underset{\text{6,6 - Salt}}{[H_3\overset{+}{N}{+}CH_2{)}\overset{+}{N}H_3][\overset{-}{O}OC{+}CH_2)_4{-}CO\overset{-}{O}]}$$

$$n[H_3\overset{+}{N}{+}CH_2{)}_6\overset{+}{N}H_3][\overset{-}{O}OC{+}CH_2{)}_4CO\overset{-}{O}]$$

$$\longrightarrow {+}HN{-}CH_2{-}NHCO{-}CH_2{-}CO{+}_n + (2n-1)H_2O$$

尼龙-6的单体是己内酰胺，就聚合物的分子量而言，不存在摩尔比和单体升华损失的问题，所以一开始即可在高温下缩聚。

对己内酰胺的开环聚合机理的研究还未完全清楚，但倾向性的看法是水解聚合机理。即水使部分己内酰胺开环水解成氨基己酸。一些内酰胺分子从氨基己酸的羧基取得 H^+，形成质子化己内酰胺，从而有利于氨端基的亲核攻击而开环。反应可表示如下：

$$\overset{\overset{O}{\|}}{C}{<}(CH_2)_5{-}NH + {-}COOH \rightleftharpoons \overset{\overset{O}{\|}}{C}{<}(CH_2)_5{-}\overset{+}{N}H_2 + {-}COO^-$$

$$\overset{\overset{O}{\|}}{C}{<}(CH_2)_5{-}\overset{+}{N}H_2 + {-}NH_2 \rightleftharpoons {-}NHCO(CH_2)_5\overset{+}{N}H_2$$

随后是$-^+NH_3$上的 H^+ 转移给已内酰胺分子，再形成质子化己内酰胺：

$$\overset{\overset{O}{\|}}{C}{<}(CH_2)_5{-}NH + {-}NHCO(CH_2)_5\overset{+}{N}H_3 \rightleftharpoons {-}NHCO(CH_2)_5NH_3 + \overset{\overset{O}{\|}}{C}{<}(CH_2)_5{-}\overset{+}{N}H_2$$

重复以上过程，分子量不断增加，最后形成高分子量聚己内酰胺即尼龙-6。

三、仪器和药品

1. 仪器

带侧管的试管，600W 电炉，石棉，360℃温度计，烧杯，锥形瓶。

2. 药品

己二酸，己二胺，己内酰胺，无水乙醇，氨基己酸，高纯氮，硝酸钾，亚硝酸钠。

四、实验内容

1. 尼龙-6，6 的制备

（1）己二酸己二胺盐（6，6 盐）的制备 250mL 锥形瓶中加 7.3g（0.05mol）己二酸及 50mL 无水乙醇，在水浴上温热溶解。另取一锥形瓶，加 5.9g 己二胺（0.0051mol）及 60mL 无水乙醇，亦于水浴上温热溶解。稍冷后，将二胺溶液搅拌下慢慢倒入二酸溶液中，反应放热，并观察到有白色沉淀产生。冷水冷却后过滤，漏斗中的 6，6 盐结晶用少量无水乙醇洗 2～3 次，每次用乙醇 4～6mL（洗时减压应放空并关水泵）。将 6，6 盐转入培养皿中于 40～60℃真空烘箱干燥，得白色 6，6 盐结晶约 12～13g，熔点 193～197℃。

若结晶带色，可用乙醇和水（体积比 3：1）的混合溶剂重结晶或加活性炭脱色。

（2）6，6 盐缩聚　取一带侧管的 20mm×150mm 试管作为缩聚管，加 3g6，6 盐，用玻璃棒尽量压至试管底部。缩聚管侧口作为氮气出口，连一橡皮管通入 H_2O 中。通氮气 5min，排除管内空气，将缩聚管架入 200～210℃融盐浴（小心！别打翻盐浴），融盐浴制备如下：取一 250mL 干净烧杯，检查无裂纹。加 130g 硝酸钾和 130g 亚硝酸钠，搅匀后于 600W 电炉（隔一石棉网）加热至所需温度。

试管架入融盐浴后，6，6 盐开始熔融，并看到有气泡上升，将氮气流尽量调小，约一秒钟一个气泡，在加 200～210℃预缩聚 2h，其间不要打开塞子，2h 后，将融盐温度逐渐升至 260～270℃，再缩聚 2h 后，打开塞子，用一玻璃棒蘸取少量缩聚物，试验是否能拉丝。若能拉丝，表明分子量已很大，可以成纤；若不能拉丝，取出试管，待冷却后破之，得白色至土黄色韧性固体，熔点 265℃，可溶于甲酸、间甲苯酚。若性脆，一打即碎，表明缩聚进行得不好，分子量很小。

2. 尼龙-6 的制备

（1）取 3g ε-己内酰胺、150mg 氨基己酸，研磨均匀后放入缩聚管（同聚酰胺-6，6），用玻璃捧尽量压紧，通高纯氮气 5min 后架入熔融盐浴（小心！不要打翻)。熔盐由硝酸钾-亚硝酸钠（重量比1∶1）配置，高温下有很强的氧化性，与有机化合物反应激烈，所以不可弄破缩聚管。缩聚温度维持约270℃。

(2) 缩聚管放入融盐浴后，管内己内酰胺即熔化，且有气泡上升。调小氮气流至约一秒钟1～2个气泡，在270℃左右缩聚2h，其间不要打开塞子。随缩聚进行，管内缩聚物明显变稠，由无色透明，逐渐变混浊。2h后，打开塞子，用玻璃棒蘸取熔融缩聚物少许，迅速拉出，可拉数米乃至十余米长丝，表明分子量已足够大。拉出之丝在室温下进行第二次拉伸，可伸长至其原长度数倍而不断，且明显观察到拉伸时所呈现的“颈部”现象。

五、注意事项

1. 融盐浴温度很高，但由于不冒气，表现似乎不热，使用时务必小心。温度计一定要固定在铁架上，不可直接斜放在融盐中。实验结束后，停止加热，戴上手套。趁热将融盐倒入回收铁盘或旧的搪瓷盘。待冷后，洗净烧杯。融盐遇冷，结成白色硬块，性脆，碎后保存在干燥器中，下次实验时再用。

2. 6，6盐缩聚时仍有少量己二胺升华。在接氮气出口管至水中加几滴酚酞，水将变红，表明确有少量胺带出。氮气维持一个无氧的气氛，宜通慢不宜通快(开始赶出体系中空气除外)，通快了带出的二胺量增加，分子量更上不去。

3. 氮气的纯度在本实验中至关重要，不能用普通的纯氮气，必须用高纯氮气（氧含量<5ppm)。以己内酰胺开环聚合为例，若用普通氮气，体系变成褐色并得不到高黏度产物，而用高纯氮气，体系始终无色，且能拉出长丝。

4. 如果没有高纯氮气，按以下方法可将普通氮气中的O_2含量下降至20ppm以下：将普通氮气通过30%焦性没食子酸的NaOH溶液（10%水溶液）吸收O_2，再通过浓H_2SO_4、$CaCl_2$等干燥后，经过加热至200～300℃的活性铜柱进一步吸氧，所得之氮可以满足本实验的要求。

六、思考题

1. 双功能单体a－A－a，b－B－b缩聚生成的高聚物的分子量受哪些因素影响?

2. 将6，6盐在密封体系220℃进行预缩聚，实验室中所遇到的主要困难是什么?

3. 通氮气的目的是什么？本实验中N_2纯度为何影响特别大?

4. 怎样判断缩聚反应的分子量是否达到要求。

5. 影响环状单体缩聚生成物分子量的因素和双官能单体缩聚生成物分子量的因素是否相同？二者有什么区别?

参考文献

1. 王国建，肖丽．高分子基础实验［M］．上海：同济大学出版社，1999.
2. 潘祖仁．高分子化学［M］．北京：化学工业出版社，2003.
3. 何卫东．高分子化学实验［M］．合肥：中国科技大学出版社，2012.
4. 梁晖，卢江．高分子化学实验［M］．化学工业出版社，2014.
5. 郑顺兴，涂料与涂装科学技术基础．北京：化学工业出版社，2007.
6. 赵立群，于智，杨凤．高分子化学实验［M］．大连：大连理工大学出版社，2010.
7. 甘文君，张书华，王继虎．高分子化学实验原理和技术［M］．上海：上海交通大学出版社，2012.
8. 尹奋平，马兰．高分子化学实验［M］．北京：化学工业出版社，2015.

附录一 高分子化学实验基础知识

(一) 高分子化学实验室基本合成仪器

高分子化学实验的基本合成装置如图 1-1 所示。除了图中所示的仪器外，还有在溶液配制、分离纯化和分析测试中用到的玻璃仪器以及一些辅助设备。

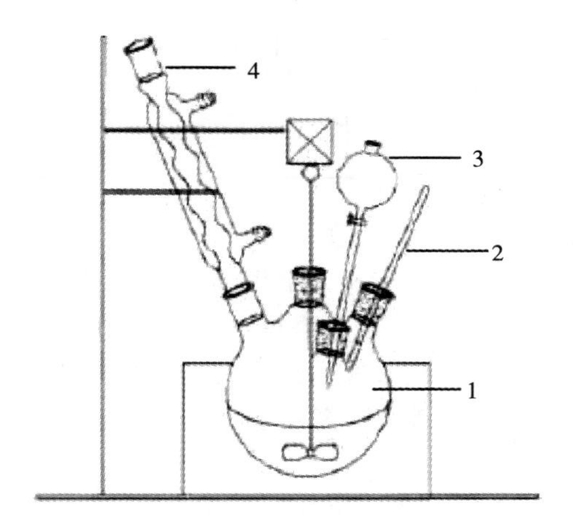

图 1-1 高分子化学实验的基本合成装置

1—四颈瓶；2—温度计；3—恒压滴液漏斗；4—冷凝管

1. 玻璃仪器

合成用到的玻璃仪器按接口的不同可以分为两种。一种是标准磨口玻璃仪器，另一种为普通口。在高分子化学实验室，常用标准磨口仪器有磨口锥形瓶、圆底烧瓶、三颈瓶、蒸馏头、冷凝管、接收管等，见图 1-2。

图 1-2 标准磨口仪器

标准磨口玻璃仪器是具有标准磨口或磨塞的玻璃仪器。由于口塞尺寸的标准化、系统化，磨砂密合，凡属于同类规格的接口，均可任意互换，各部件能组装成各种配套仪器。当不同类型规格的部件无法直接组装时，可使用变接头使之连接起来。使用标准磨口玻璃仪器既可免去配塞子的麻烦手续，又能避免反应物或产物被塞子沾污的危险；口塞磨砂性能良好，使密合性可达较高真空度，对蒸馏尤其减压蒸馏有利，对于毒物或挥发性液体的实验较为安全。

标准磨口仪器的每个部件在其口、塞的上或下显著部位均具有烤印的白色标志，表明规格。常用的有 10、12、14、16、19、24、29、34、40 等。表 1-1 是标准磨口玻璃仪器的编号与大端直径。

表 1-1 标准磨口玻璃仪器的编号与大端直径

编号	10	12	14	16	19	24	29	34	40
大端直径/mm	10	12.5	14.5	16	18.8	24	29.2	34.5	40

有的标准磨口玻璃仪器有两个数字，如 10/30，10 表示磨口大端的直径为 10mm，30 表示磨口的高度为 30mm。学生使用的常量仪器一般是 19 号的磨口仪器，半微量实验中采用的是 14 号的磨口仪器。

除了玻璃烧瓶外，高分子化学实验还用到一些非标准的磨口反应仪器。比如用于研究缩聚反应的可拆卸玻璃反应釜、用于研究自由基聚合动力学的膨胀计以及研究共聚反应的聚合管等。

常用的普通玻璃仪器有烧杯、非磨口锥形瓶、布氏漏斗、吸滤瓶、普通漏斗、温度计等，见图 1-3。

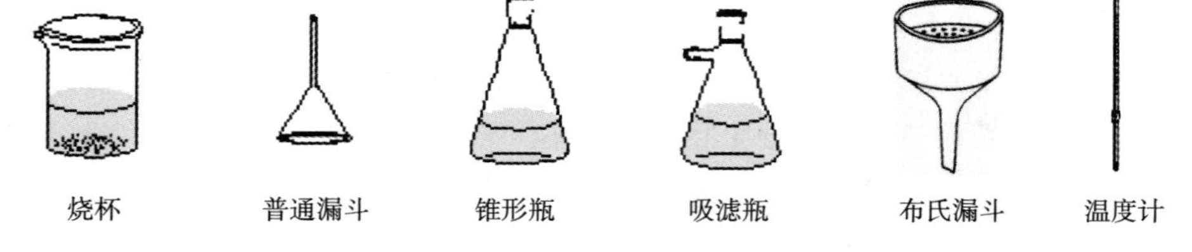

图 1-3 普通玻璃仪器

2. 玻璃仪器的选择、装配和清洗

高分子化学实验装置是由各玻璃仪器组装而成的，实验中烧瓶的选择根据液体的体积而定，一般液体的体积应占容器体积的 1/3～1/2，也就是说烧瓶容积的大小应是液体体积的 1.5 倍。进行水蒸气蒸馏和减压蒸馏时，液体体积不应超过烧瓶容积的 1/3。

安装仪器时，应选好主要仪器的位置，要以热源为准，先下后上，先左后右，逐个将仪器边固定边组装。拆卸的顺序则与组装相反。拆卸前，应先停止加热，移走加热源，待稍微冷却后，先取下产物，然后再逐个拆掉。拆冷凝管时注意不要将水洒到电热套上。

总之，仪器装配要求做到严密、正确、整齐和稳妥。在常压下进行反应的装置，应与大气相通密闭。铁夹的双钳内侧贴有橡皮或绒布，或缠上石棉绳、布条等。否则，容易将仪器损坏。使用玻璃仪器时，最基本的原则是切忌对玻璃仪器的任何部分施加过度的压力或扭歪，实验装置的马虎不仅看上去使人感觉不舒服，而且也是潜在的危险。因为扭歪的玻璃仪器在加热时会破裂，有时甚至在放置时也会崩裂。

玻璃仪器洗涤的一般方法是用水、洗衣粉、去污粉刷洗。刷子是特制的，如烧瓶刷、烧杯刷、冷凝管刷等，但用腐蚀性洗液时则不用刷子。洗涤玻璃器皿时不应该用砂子，它会擦伤玻璃乃至龟裂。若难以洗净时，则可根据污垢的性质选用适当的洗液进行洗涤。在高分子化学实验中，污垢大多是有机物质，因此需要采用碱液或者有机溶剂洗涤，常用的洗液是铬酸洗液。这种洗液氧化性很强，对有机污垢破坏力很强。倾去器皿内的水，慢慢倒入洗液，转动器皿，使洗液充分浸润不干净的器壁，数分钟后把洗液倒回洗液瓶中，用自来水冲洗。若壁上粘有炭化残渣，可加入少量洗液，浸泡一段时间后在小火上加热，直至冒出气泡，炭化残渣可被除去，但当洗液颜色变绿，表示失效，应该弃去，不能倒回洗液瓶中。

铬酸洗液配置：20g 的 $K_2Cr_2O_7$，溶于 40mL 水中，将浓 H_2SO_4 360mL 徐徐加入 $K_2Cr_2O_7$ 溶液中（千万不能将水或溶液加入 H_2SO_4 中），边倒边用玻璃棒搅拌，并注意不要溅出，混合均匀，冷却后，装入洗液瓶备用。

（二）聚合反应温度的控制

温度对聚合反应的影响除了和有机化学实验一样表现在聚合反应速度和产物收率方面以外，还表现在聚合物的分子量及其分布上，室温以上的聚合反应可以用电加热套、加热圈和加热块等加热装置，对于室温以下聚合反应，可以用低温浴或适当的冷却剂冷却，如果需要准确控制聚合反应的温度，超级恒温水槽则是首选。

1. 加热

（1）水浴加热

当实验需要的温度在 80℃ 以下时，使用水浴对反应体系进行加热和温度控制最为合适，水浴加热具有方便、清洁和安全等优点。加热时将容器浸于水浴中，利用加热圈来加热水介质，间接加热反应体系。加热圈是由电阻丝贯穿硬质玻璃管中，并根据浴槽的形状加工制成，也可使用金属管材，长时间使用水浴，会因水分的大量蒸发而导致水的散失，需要及时补充；过夜反应可在水面上盖一层液体石蜡，简便的水浴加热装置如图 1-4 所示。

对于温度控制要求高的实验，可以直接使用超级恒温水槽，还可以通过对外输送恒温水达到所需温度，其温度变化控制在 0.5℃范围内。由于水管等的热量散失，反应器的温度低于超级恒温水槽的设定温度，需要进行纠正。

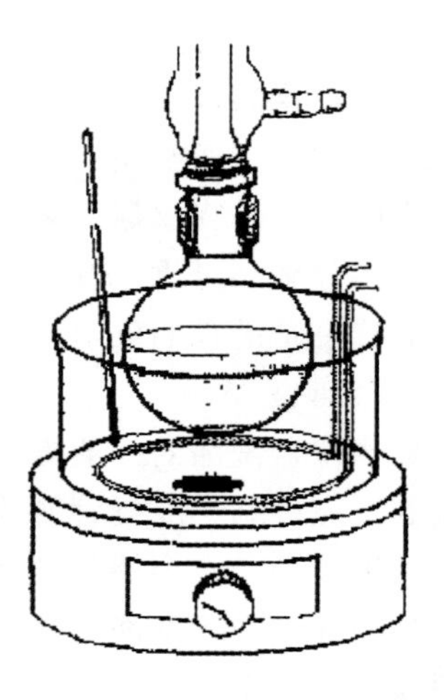

图 1-4 水浴加热装置

(2) 油浴加热

水浴不能适用于温度较高的场合，此时需要使用不同的油质为加热介质，采用加热圈等浸入式加热器间接加热。油浴不存在加热介质的挥发问题，但是玻璃仪器的清洗稍为困难，操作不当还会污染实验台面和其他设施。使用油浴加热，还需要注意加热介质的热稳定性和可燃性，最高加热温度不能超过其限，表 1-2 列举一些常用加热介质的性质。

表 1-2 常见加热介质的性质

加热介质	沸点或最高时的温度	评述
水	100℃	洁净、透明、易挥发
甘油	140～150℃	洁净、透明、难挥发
植物油	170～180℃	难清洗、难挥发、高温有油烟
硅油	250℃	耐高温、透明、价格高
泵油	250℃	回收泵油多含杂质、不透明

(3) 电加热套

电加热套是一种外加热式加热器，电热元件封闭于玻璃绝缘层内，并制成内凹的半球状，非常适用于圆底烧瓶的加热，外部为铝质的外壳。如图 1-5 所示，电热元件可直接与电源相连；也可以通过调压器等调压装置连接于电源，最高使用温度可达 450℃，功能齐全的电加热套带有调节装置。可以对加热功率和温度进行有限的调节，难以准确控制温度，一

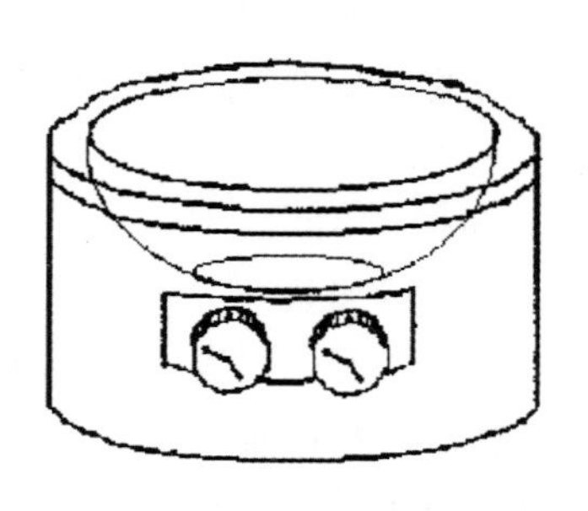

图 1-5 电热套示意图

些国产的电加热套将加热和电磁搅拌功能融为一体，使用更加方便。电加热套具有安全、方便和不易损坏玻璃仪器的特点，由于玻璃仪器和电加热套紧密接触，保温性能好。根据烧瓶的大小，可以选用不同规格的电加热套。

（4）加热块

加热块通常为铝质的块材。按照需要加工出圆柱孔或内凹半球洞，分别适用聚合管和圆底烧瓶的加热，加热元件外缠于铝块或置于铝块中，并与控温元件相连。为了能准确控制温度，需要进行温度的校正，某些在高温下进行封管聚合，存在爆裂的隐患，使用加热块较为安全。

2. *冷却*

离子聚合往往需要在低于室温的条件下进行，因此冷却是离子聚合常常需要采用的实验手段。例如甲基丙烯酸甲酯的阴离子聚合为避免副反应的发生，聚合温度在－60℃以下。环氧乙烷的聚合反应在低温下进行，可以减少环低聚合体的生成，并提高聚合率。若反应温度需要控制在0℃附近，多采用冰水混合物作为冷却介质。若要使反应体系的温度保持在0℃以下，则采用碎冰和无机盐的混合物作为制冷剂；若要维持在更低的温度，则必须使用更为有效的制冷剂（干冰和液氮），干冰和乙醇、乙醚等混合物温度可降至－70℃，通常使用温度在－40℃至50℃范围内。液氮与乙醇、丙酮混合使用，冷却温度可稳定在有机溶剂的凝固点附近。表1－3列出了不同制冷剂的配置方法和使用温度范围。配置冰盐冷浴时，应使用碎冰和颗粒状盐，并按比例混合。干冰和液氮作为制冷剂时，应置于浅口保温瓶等隔热容器中以防止过冷剂的过度损耗。

表1－3　常用制冷剂

制冷剂	冷却最低温度
冰水	0℃
冰100份＋氯化钠33份	－21℃
冰100份＋氯化钙（结晶水）100份	－31℃
冰100份＋碳酸钾33份	－46℃
干冰＋有机溶剂	高于有机溶剂的凝固点
液氮＋有机溶剂	接近有机溶剂的凝固点

超级恒温槽可以提供低温环境，并能准确控制温度，也可以通过恒温槽输送冷却液来控制反应温度。

3. *温度的调节与控制*

酒精温度计和水银温度计是最常用的测温仪器，它们的量程受其凝固点和沸点的限制，前者可在－60～100℃范围内使用，后者可测定的最低温度为－38℃，最高使用温度在300℃左右。为方便观察在溶剂中加入少量的有机染料，这种温度计由于有机溶剂传热较差和黏度较大，需要较长的平衡时间。

控温仪兼有测温和控温两种功能，但是所测温度往往不准确，需要用温度计进行校正。较为简单的控制温度方法是调节电加热元件的输入功率，使加热和热量散失达到平衡，但是这种方法不够准确，而且不够安全。使用温度控制器如控温仪和触点温度计，能够非常有效和准确地控制反应温度。控温仪的温敏探头置于加热介质中，其产生的电信号输入到控温仪中，并与所设置的温度信号相比较。电加热元件通过与控温仪串联而连接到电源上。当加热介质未达到设置温度时，控温仪的继电器处于闭合状态，电加热元件继续通电加热；加热介质的温度高于设置温度时，继电器断开，电加热元件不再工作，触点温度计需与一台继电器连用，工作原理同上，皆是利用继电器控制电加热元件的工作状态达到控制和调节温度的目的。

要获得良好的恒温系统，除了使用控温设备外，适当选择电加热元件的功率、电加热介质和调节体系的散热情况也是必需的。

(三) 排氧和排湿气下的操作

多数情况下，分子氧对聚合反应过程有影响，例如对自由基聚合的引发和终止反应，对离子型引发剂的活化和去活化，以及对已经生成的高分子的降解（尤其是在缩聚中）等均有影响。因为这些影响即使在氧的浓度很低时也很显著，所以最好在惰性气氛（惰性气体或氮）下制备聚合物。

向反应容器充氮一定要反复交替抽空、充氮，而不能只是简单地把氮通过容器，因为那样做不能确知什么时候空气已经置换干净了。应避免用长的橡胶管(包括涂石蜡的真空胶管)，最好使用聚氯乙烯管和玻璃管。

在通氮下进行反应或蒸馏时，必须装上一个适当的出口阀，以防周围空气中的氧扩散到设备中来。为此目的，一个简单的汞封或石蜡油封一般就可以了。使用自燃试剂（例如有机金属化合物），或进行压力变化很快的反应时，最好用一个反压阀。如果仪器中压力下降，液体就被吸入管子中，把封在里面的空心死管推向上方，把管口封住。尤其是在离子型聚合中，反应混合物需要排氧排湿气。采用合成工作中常用的一般干燥方法就不够了，最好在高真空下加热以除去玻璃仪器内壁的湿气。气体可用冷冻除水法或将其通过装有适当干燥剂（见表1-4）的柱子来进行干燥。液体则可用适当的干燥剂（沸腾回流）或共沸、萃取蒸馏进行脱水。

当然，只有在化学上是惰性的干燥剂才可用来干燥液体，否则可能发生不应有的副反应（例如室温下向苯乙烯中加浓硫酸会发生爆炸性聚合）。

表 1-4　用于气体和液体的干燥剂

干燥剂	残余水分（毫克水/升气体）
氯化钙（视质量不同）	0.3～1.2
氧化钙	0.2
硅胶	0.006
熟石膏	0.005
浓硫酸	0.003
灼烧氢氧化钾	0.002
分子筛*	0.001
－75℃下冷冻**	0.001
金属钠	—
氢化钙	—
高氯酸镁	0.0005
五氧化二磷	0.00002

*由特定孔径大小的沸石制得

**必须小心，使冰晶不致被气流从蛇形冷凝管中以雾状带出（经棉垫或玻璃毛过滤）

(四) 常用有机溶剂的纯化

1. 乙醇（C_2H_5OH）

沸点 78.3℃，折光率（nD20）1.3616，相对密度（D420）0.7893。

普通乙醇含量为 95%，与水易形成恒沸溶液，不能用一般分馏法除去水分。初步脱水常用生石灰为脱水剂，回流 5～6h，再将乙醇蒸出。若需要绝对无水乙醇，还必须选择下述方法进行处理。

(1) 向 1L 圆底烧瓶中加入 2～3g 干燥洁净的镁条、0.3g 碘、30mL 99.5%的乙醇，安装球形冷凝管（在冷凝管上端附加一只氯化钙干燥管），水浴加热至碘粒完全消失（如果不起反应，可再加入数小粒碘），然后继续加热，待镁完全溶解后，将 500mL 99.5%的乙醇加入，继续加热回流 1h，蒸出乙醇，收集于干燥洁净的瓶内，所得乙醇纯度可超过 99.95%。

(2) 采用金属钠以除去乙醇中含有的微量的水分，然后蒸馏。金属钠与金属镁的作用是相似的。但是单用金属钠并不能达到完整去除乙醇中含有的水分的目的。因为这一反应有如下的平衡：

$$C_2H_5ONa + H_2O \rightleftharpoons C_2H_5OH + NaOH$$

若要使平衡向右移动，可以加过量的金属钠，增加乙醇钠的生成量，但这样做会造成乙醇的浪费。因此通常是加入高沸点的酯（如邻苯二甲酸乙酯或琥珀酸乙酯）以消耗相互反应中生成的氢氧化钠。这样制得的乙醇，只要能严格防潮，含水量可以低于 0.01%。

2. 正己烷（C_6H_{14}）

沸点 68.7℃，折光率（nD20）1.3748，相对密度（D420）0.6593。

正己烷为无色挥发性液体，能与醇、醚和三氯甲烷混合，不溶于水。目前市售三级纯含量为 95%，其纯化方法如下：先用浓硫酸洗涤数次，接着以 0.1mol/L高锰酸钾的 10%硫酸溶液洗涤，再以 0.1mol/L 高锰酸钾的 10%氢氧化钠溶液洗涤，最后用水洗涤，干燥蒸馏。

3. 苯

沸点 80.1℃，熔点 5.5℃，折光率（nD20）1.5011，相对密度（D420）0.8790。

普通苯常含有噻吩（沸点 84℃），不能用分馏或分级结晶的方法分开。因此，欲制无噻吩的干燥苯，可采用下述方法进行纯化：噻吩比苯易磺化，将普通苯用相当其体积 10%的浓硫酸反复振摇至酸层呈无色或微黄色，或检验至无噻吩存在为止（检验噻吩的方法：取 3mL 苯，用 10mg 靛红与 10mL 浓硫酸配成的溶液振摇后静置片刻，若有噻吩存在则溶液显浅蓝绿色），然后分出苯层，用水、10%碳酸钠溶液、水依次洗涤，以无水氯化钙干燥，分流即得。若需绝对无水，再压入钠丝干燥。

4. 甲苯

沸点 110.6℃，折光率（nD20）1.4969，相对密度（D420）0.8669。

甲苯中含有甲基噻吩（沸点 112～113℃），处理方法与苯同。由于甲苯比苯容易磺化，用浓硫酸洗涤时温度应控制在 30℃以下。

5. 乙醚（$C_2H_5OC_2H_5$）

沸点 34.6℃，折光率（nD20）1.3527，相对密度（D420）0.7193。

工业乙醚中，常含有水和乙醇，若储存不当，还可能产生过氧化物。这些杂质的存在，对于一些要求用无水乙醚作溶剂的实验是不适合的，特别是有过氧化物存在时还有发生爆炸的危险。

纯化乙醚可选择下述方法。

（1）向装有 500mL 普通乙醚的 1L 分液漏斗内，加入 50mL 10%的新鲜配制的亚硫酸氢钠溶液，或加入 10mL 硫酸亚铁溶液和 100mL 水充分振摇（若乙醚中不含过氧化物，则可省去这步操作），然后分出醚层，用饱和食盐溶液洗涤两次，再用无水氯化钙干燥数天，过滤，蒸馏。将蒸出的乙醚放在干燥的磨口试剂瓶中，压入金属钠丝干燥。

硫酸亚铁溶液的制备：向 100mL 蒸馏水中慢慢加入 6mL 浓硫酸，再加入 60g 硫酸亚铁溶解即得。

（2）经无水氯化钙干燥后的乙醚也可用 4A 型分子筛干燥，所得绝对无水乙醚能直接用于格氏反应。

为了防止乙醚在储存过程中生成过氧化物，除尽量避免与光和空气接触外，可在乙醚内加入少许铁屑，或铜丝、铜屑，或干燥固体氢氧化钾，盛于棕色瓶内，储存于阴凉处。

为了防止发生事故，对在一般条件下保存的，或储存过久的乙醚，除已鉴定不含过氧化物的以外，蒸馏时都不要全部蒸干。

6. 四氢呋喃

沸点 66℃，折光率（nD20）1.4071，相对密度（D420）0.8892。

四氢呋喃与水混合，久放后，可能含有过氧化物。目前市售三级纯含量为 95%，其纯化方法如下：用固体氢氧化钾干燥数天，过滤；压入钠丝，以二苯甲酮为指示剂加热回流至蓝色，蒸馏待用。

7. 二氧六环

沸点 101.5℃，折光率（nD20）1.4224，相对密度（D420）1.0336。

二氧六环的纯化一般是加入 10%质量的浓硫酸与之回流 3h，同时慢慢通入氮气，以除去生成的乙醚，待冷，加入粒状氢氧化钾直至不再溶解；然后将水层分去，用氢氧化钾干燥一天，过滤，再加金属钠加热回流数小时，蒸馏即得，最后压入钠丝保存。

8. 丙酮（CH_3COCH_3）

沸点 56.3℃，折光率（nD20）1.3586，相对密度（D420）0.7890。

目前市售试剂级丙酮纯度较高，含水量不超过 0.5%，一般直接用 4A 型分子筛，或用无水硫酸钙或碳酸钾干燥即可应用，若要含水量低于 0.05%，将上述干燥的丙酮再用五氧化二磷干燥，蒸馏即得。如果丙酮中含有醛或其他还原性的物质，可逐次加入少量高锰酸钾回流直至紫色不褪，再用无水硫酸钙或碳酸钾干燥后蒸馏，或用碘化钠使与之生加成物，经分解及分馏即得。

9. 二氯甲烷（CH_2Cl_2）

沸点 39.7℃，折光率（nD20）1.4241，相对密度（D420）1.3167。

二氯甲烷为无色挥发性液体，其蒸气不能燃烧，与空气混合亦不发生爆炸，微溶于水，能与醇、醚混合。目前市售三级纯含量为 95%，其纯化方法如下：依次用 5%碳酸氢钠溶液和水洗涤，再以无水氯化钙干燥蒸馏。二氯甲烷不能用金属钠干燥，因会发生爆炸。用时注意二氯甲烷不要久置于空气中，以免被氧化，应储存于棕色瓶内。

10. 三氯甲烷（$CHCl_3$）

沸点61.2℃，折光率（nD20）1.4455，相对密度（D420）1.4984。

普通三氯甲烷含有约1%乙醇作为稳定剂，其纯化方法如下：依次用相当于5%体积的浓硫酸、水、稀氢氧化钠溶液和水洗涤，再以无水氯化钙干燥，蒸馏即得。

不含有乙醇的三氯甲烷，应装于棕色瓶内并储存于阴暗处，避免光化作用产生光气。三氯甲烷不能用金属钠干燥，因会发生爆炸。

11. N，N-二甲基甲酰胺（$HCON(CH_3)_2$）

沸点153℃，折光率（nD20）1.4304，相对密度（D420）0.9487。

N，N-二甲基甲酰胺为无色液体，与多数有机溶剂和水可任意混合，化学和热稳定性好，对有机和无机化合物的溶解度范围广。目前市售三级纯含量不低于95%，主要杂质为胺、氨、甲醛和水，其纯化方法有如下几种：①先用无水硫酸镁干燥24h，再加固体氢氧化钾振摇，然后蒸馏；②取250g N，N-二甲基甲酰胺、30g苯和12g水分馏，先将苯、水、氨和氨蒸除，然后减压蒸馏即得纯品；③若含水量低于0.05%，可用4A型分子筛干燥12h以上，然后蒸馏，避光储存。

12. 二甲亚砜（CH_3SOCH_3）

沸点189℃，折光率（nD20）1.4783，相对密度（D420）1.0954。

二甲亚砜为无色、无臭、微带苦味的吸湿性液体，在常压下加热至沸腾可部分分解。市售试剂级二甲亚砜含水量约为1%，通常先减压蒸馏，然后用4A型分子筛干燥；或用氢化钙粉末搅拌4～8h，再减压蒸馏收集64～65℃（4mmHg）的馏分。蒸馏时，温度不宜高于90℃，否则会发生歧化反应生成二甲砜和二甲硫醚。二甲亚砜与某些物质（氢化钠、高碘酸或高氯酸镁）混合时可能发生爆炸，应予注意。

（五）常用引发剂的精制

1. 过氧化苯甲酰（BPO）

BPO在各溶剂中的溶解度见表1-5。氯仿、苯、四氯化碳、丙酮和乙醚对BPO均有相当的溶解度，都可作为重结晶的溶剂。重结晶时一般宜在室温下将BPO溶解，高温溶解有引起爆炸的危险，需特别注意。

表1-5 BPO在不同溶剂中的溶解度

溶剂	溶解度/（g/mL）	溶剂	溶解度/（g/mL）
氯仿	0.32	乙醚	0.060
苯	0.16	甲醇	0.013
四氯化碳	0.06	乙醇	0.010
丙酮	0.15	石油醚	0.0050

精制 BPO 是最常用的是以氯仿作为溶剂，甲醇作沉淀剂。将 10g 粗 BPO 室温下溶于 40mL 氯仿中，滤去不溶物。滤液倒入 100mL 预先用冰盐浴冷却的甲醇中，即有结晶析出，过滤，在氯化钙存在下减压干燥，即得精制品。如此重结晶几次，产品纯度可达 99％。

2. 偶氮二异丁腈（AIBN）

重结晶 AIBN 时溶剂可用乙醇，亦可用甲醇-水混合溶剂、乙醚、石油醚等。例如，在 100m 乙醇中加入 10g AIBN，水浴 50℃加热使之溶解。滤去不溶物，滤液用冰盐浴冷却，过滤即得重结晶产物，在五氧化二磷存在下减压干燥。产物的熔点为 103～104℃。

3. 叔丁基过氧化氢

将叔丁基过氧化氢（含量约 60％）20mL 在搅拌下慢慢加入预先冷却的 50mL25％的 NaOH 水溶液中，使之生成钠盐析出，过滤，将此钠盐配成饱和水溶液，用氯化铵或固体二氧化碳（干冰）中和，叔丁基过氧化氢再生。分离此有机层，用无水碳酸钾干燥，减压蒸馏，得精制品，纯度 95％。

4. 异丙苯过氧化氢

将异丙苯过氧化氢（含量约 75％）20mL 在搅拌下慢慢加入 60mL25％的 NaOH 水溶液中。将生成的钠盐过滤，并用石油醚洗数次。将此钠盐悬浮在石油醚中，减压蒸馏，得精制产物，纯度 97％。

5. 过氧化二叔丁基

将市售的过氧化二叔丁基减压蒸馏，收集 50～52℃（12kPa）的馏分。

6. 过硫酸钾（$K_2S_2O_8$）

将过硫酸钾溶于 30mL 水中，冷却，即得重结晶产物，过滤，在氯化钙存在下减压干燥。

7. 三氟化硼乙醚液（$BF_3-(CH_3CH_2)_2O$)）

三氟化硼乙醚液为无色透明液体，接触空气时易被氧化，使色泽变深，可用减压蒸馏精制。

（六）常用单体的精制

1. 甲基丙烯酸甲酯的精制

甲基丙烯酸甲酯是无色透明的液体，沸点 100.3～100.6℃，熔点－48.2℃，密度 0.936g/cm^3，折光率 1.4136，微溶于水，易溶于乙醇和乙醚等有机溶剂。

在市售的甲基丙烯酸甲酯中，一般都含有阻聚剂，常用的阻聚剂是对苯二酚，可用碱溶液洗去，具体进行纯化处理的方法如下：在 500mL 分液漏斗中加入 250mL 甲基丙烯酸甲酯，用 50mL5％NaOH 水溶液洗涤数次至无色，然后用蒸馏水洗（每次 50～80mL）至中性；分尽水层后加入单体量 5％左右的无水硫酸钠，充分摇动，放置干燥 24 小时以上，减压蒸馏收集 50℃（165kPa）的馏分。甲基丙烯酸甲酯的沸点和压力的关系如表 1-6。

表 1-6 甲基丙烯酸甲酯沸点和压力的关系

沸点/℃	20	30	40	50	60	70	80	90
压力/kPa	4.67	7.07	10.8	16.5	25.3	37.2	52.9	72.9

2. 苯乙烯的精制

苯乙烯为无色（或略带浅黄色）的透明液体，沸点 145.2℃，熔点－30.6℃，折光率 1.5468，密度 0.9060g/cm^3。

苯乙烯的精制方法和精制甲基丙烯酸甲酯的方法基本相同。在 500mL 的分液漏斗中装入 250mL 苯乙烯，每次用约 50mL 的 5%NaOH 水溶液洗涤数次，至无色后再用蒸馏水洗至水层呈中性，然后加入适量的无水硫酸钠放置干燥。干燥后的苯乙烯再进行减压蒸馏，收集 60℃（5.33kPa）的馏分，测定其纯度。苯乙烯在不同压力下的沸点见表 1-7。

表 1-7 苯乙烯沸点与压力的关系

沸点/℃	18	30.8	44.6	59.8	69.5	82.1	101
压力/kPa	0.67	1.33	2.67	5.33	8.00	13.3	26.7

3. 丙烯腈的精制

丙烯腈为无色透明液体，沸点 77.3℃，折光率 1.3911，密度 0.8660g/cm^3，常温下在水中的溶解度为 7.3%。

丙烯腈的精制方法：量取 200mL 丙烯腈于 500mL 蒸馏瓶中进行常压蒸馏，收集 76～78℃的馏分；将该馏分用无水 $CaCl_2$ 干燥 3h，经过滤后移入装有分馏柱的蒸馏瓶中，加入几滴高锰酸钾溶液进行分馏，收集 77～77.5℃的馏分。若仅要求取出丙烯腈单体中的阻聚剂，则常用离子交换法而不宜采用碱洗法，这是因为丙烯腈在水中的溶解度比较大，一系列的碱洗和水洗将造成相当多的单体损失。将待处理的丙烯腈单体以 1～2cm/min 的线速度流过强碱性阴离子交换树脂柱，收集流出的丙烯腈，倒入蒸馏瓶中，在水泵的减压下进行减压蒸馏（蒸馏时需放入少量的 $FeCl_3$），在接引管与水泵缓冲瓶之间装一个干燥塔，收集主馏分备用。

用于离子聚合的丙烯腈，临用前还需要新活化的 4A 型分子筛干燥 2h 以上。

4. 丙烯酰胺的精制

将 55g 丙烯酰胺于 40℃溶解于 20mL 蒸馏水中，立即用保温漏斗过滤。滤液冷却至室温时，有结晶析出。用布氏漏斗抽虑，母液中加入 6g $(NH_4)_2SO_4$，充分搅拌后置于低温水浴或冷冰箱中冷却至－5℃左右。待结晶完全后，取出迅速用布氏漏斗抽虑。合并两部分结晶，自然晾干后于20～30℃下，在真空烘箱中干燥24h以上。

5. 环氧丙烷的精制

将待精制的环氧丙烯放入蒸馏瓶中，加入适量CaH_2，磁力搅拌2～3h，在CaH_2存在下蒸出。若蒸出后存放了一段时间，则在临用前还需用在500℃下新活化的4A型分子筛干燥。

6. 乙酸乙烯酯的精制

量取300mL乙酸乙烯酯（VAc）放入500mL的分液漏斗中，加入60mL饱和$NaHSO_3$溶液，充分振摇后，放尽水层。如此重复2～3次，再用100mL蒸馏水洗1次，用60mL 10%的Na_2CO_3溶液洗2次，最后用蒸馏水洗至中性。将此洗净的乙酸乙烯酯置于蒸馏瓶中，在水泵减压下进行减压蒸馏。乙酸乙烯酯在不同压力下的沸点见表1－8。

表1－8　乙酸乙烯酯沸点与压力的关系

沸点/℃	7.80	21.07	32.21	40.05	48.42	55.63	61.32	72.50
压力/kPa	6.17	12.61	21.20	39.42	42.3	54.76	67.95	101.32

（七）聚合物的分离、精制和干燥

1. 溶剂和溶解度

当研究一种聚合物时，首先测定其溶解度。聚合物的溶解度是很富于特征性的，可用于其下列几方面的表征，如交联的测定，有规和无规高分子的分离和鉴别，或共聚物的表征。此外，溶解度是大多数物理测定的一个先决条件。

当测定溶解度时，必须考虑到高分子化合物有一些极端的行为：它们可无限溶解，或者基本不溶，或仅溶胀至一定的程度；像低分子量化合物那样，沉淀不溶胀而上面溶液是饱和的那种情况是罕见的。因此不能用关于溶解物和沉淀物的平衡常数来表示溶剂的性质，而是以引起开始形成沉淀所需的沉淀剂的量来表示之。然而，更准确的了解则可来自比较有关溶液渗透压测定的第二维利系数，或比较聚合物在不同溶剂中的黏度值。

在一个溶剂中的溶胀或溶胀性能是达到一定分子量的聚合物的一个典型特征。溶胀是聚合物吸收大量溶剂的过程，结果生成凝胶，体积大大增加。如果在形成均匀溶液前溶胀过程就停止了，这叫作有限溶胀；另一种情况则称为无限溶胀，这与完全溶解的情况相同。溶胀的量有赖于聚合物的化学性质、分子量、使用的溶胀剂以及温度。对于交联聚合物（当然是不溶的），溶胀是交联度的一种度量。

虽然进行了详尽的研究以及热力学计算，至今却未能提出一个广泛适用于各种高分子化合物的溶解度理论。因此，经验式数据和推论仍然是判断溶解度的基础。表1-9列出一些溶剂及非溶剂作为参考。但必须注意到，并非每一种溶剂及非溶剂的组合都是再沉淀一个聚合物的适用体系。

溶解度试验的步骤如下：将几份30～50mg粉碎得很细的聚合物样品分别置于小试管中，再加入1mL溶剂。将混合物放置几小时，不时摇动，摇动时形成纹路则表示溶解。溶解过程主要受聚合物粉碎程度的影响。如在室温下甚至几小时后仍不溶解，可将混合物慢慢加热，必要时加热到溶剂的沸点。如观察到褪色或释放出气体产物，可能是由于聚合物分解了。如果在高温下溶解了（有时需要一些时间），把溶液慢慢冷却下来，倘若有沉淀析出，注意聚合物再沉淀出的温度（这对以后的研究是很重要的）。如果聚合物仅仅溶胀而不溶解，那么另换溶剂或混合溶剂，重复进行试验。如果产品仍不溶解而只是溶胀，它大概是交联的。

当考虑到溶解时所发生的颇为复杂的过程时，有些体系具有特殊行为是不足为奇的。例如，溶解度一般随着温度的升高而增加，而有些聚合物却具有负的溶解度温度系数。如聚氧化乙烯在室温下溶于水，而加热时又沉淀出来。聚乙烯基甲基醚的水溶液也有相同的行为。

用混合溶剂时，也常常出现意外的效果。有这样的情况，非溶剂的混合物却变成了溶剂，而另一方面两种溶剂的混合物却变成了非溶剂，例如，聚丙烯腈既不溶于硝基甲烷也不溶于水，却溶于这两者的混合物中。关于聚苯乙烯在丙酮和庚烷中的溶解度，聚氯乙烯在丙酮和二硫化碳中的溶解度，以及在相应的非溶剂混合物中的溶解度，都遇到相似的情况。两种溶剂的混合物变成非溶剂的一个例子是：聚丙烯腈溶于丙二腈，也溶于二甲基甲酰胺，而不溶于两者的混合物。聚乙酸乙烯酯-甲酰胺-苯乙酮体系的行为也相似。

最后谈一下溶液中聚合物混合物的不相容性，几乎所有的聚合物都有这种情况，若将10%的聚苯乙烯苯溶液和10%聚乙酸乙烯酯苯溶液相互混合，即使使用同一个溶剂也发生相分离。两相的分离，一开始从溶液混合时发生明显的混浊就看出来了。

表1-9　一些聚合物的溶剂和非溶剂

聚合物	溶剂	非溶剂
聚乙烯，聚丁烯-1，全同聚丙烯	对-二甲苯*，三氯苯*，癸烷*，十氢萘*	丙酮，乙醚，低分子量醇
无规聚丙烯	碳氢化合物，乙酸异戊酯	乙酸乙酯，丙醇

（续表）

聚合物	溶剂	非溶剂
聚异丁烯	乙烷，苯，四氯化碳，四氢呋喃	丙酮，甲醇，乙酸甲酯
聚丁二烯，聚异戊二烯	脂族和芳族碳氢化合物	丙酮，乙醚，低分子量醇
聚苯乙烯	苯，甲苯，氯仿，环己酮，乙酸丁酯，二硫化碳	低分子量醇，乙醚，丙酮
聚氯乙烯	四氢呋喃，环己酮，甲乙酮，二甲基甲酰胺	甲醇，丙酮，庚烷
聚氟乙烯	环己酮，二甲基甲酰胺	脂族碳氢化合物，甲醇
聚四氟乙烯	不溶	——
聚乙酸乙烯酯	苯，氯仿，甲醇，丙酮，乙酸丁酯	乙醚，石油醚，丁醇
聚乙烯基异丁基醚	异丙醇，甲乙酮，氯仿，芳族碳氢化合物	甲醇，丙酮
聚乙烯基甲基酮	丙酮，二氧六环，氯仿	水，脂族碳氢化合物
聚丙烯酸酯类和聚甲基丙烯酸酯类	氯仿，丙酮，乙酸乙酯，四氢呋喃，甲苯	甲醇，乙醚，石油醚
聚丙烯腈	二甲基甲酰胺，二甲基亚砜，浓硫酸	醇，乙醚，水，碳氢化合物
聚丙烯酰胺	水	甲醇，丙酮
聚丙烯酸	水，稀碱，甲醇，二氧六环，二甲基甲酰胺	碳氢化合物，乙酸甲酯，丙酮
聚乙烯基磺酸	水，甲醇，二甲基亚砜	碳氢化合物，丙酮
聚乙烯醇	水，二甲基甲酰胺*，二甲基亚砜*	碳氢化合物，甲醇，丙酮，乙醚
淀粉	水，水合氯醛，乙二胺铜	丙酮，甲醇
纤维素	季胺碱，氯化锌，硫腈酸钙的水溶液	甲醇，丙酮
三乙酸纤维素	丙酮，氯仿，二氧六环	甲醇，乙醚
三甲基醚纤维素	氯仿，苯	乙醇，乙醚，石油醚
羧甲基纤维素	水	甲醇

（续表）

聚合物	溶剂	非溶剂
脂族聚酯	氯仿，甲酸，苯	甲醇，乙醚，脂族碳氢化合物
聚对苯二酸乙二酯	间甲酚，邻氯苯酚，硝基苯，三氯乙酸	甲醇，丙酮，脂族碳氢化合物
聚酰胺	甲酸，浓硫酸，二甲基甲酰胺，间甲酚	甲醇，乙醚，碳氢化合物
聚氨酯	甲酸，g-丁内酯，二甲基甲酰胺，间甲酚	甲醇，乙醚，碳氢化合物
聚氧化亚甲基	g-丁内酯*，二甲基甲酰胺*，苯甲醇*	甲醇，乙醚，脂族碳氢化合物
聚环氧乙烷	水，苯，二甲基甲酰胺	脂族碳氢化合物，乙醚
聚四氢呋喃	苯，二氯甲烷，四氢呋喃	脂族碳氢化合物，乙醚
聚二甲基硅氧烷	氯仿，庚烷，苯，乙醚	甲醇，乙醚

*仅在加热时可溶。

2. 聚合物的分离

如果聚合物由于不溶性（沉淀聚合、悬乳聚合以及界面缩聚）而从反应混合物中沉淀出来，那么分离工作是最简单的。在这些情况下，可以用过滤（水溶液用滤纸过滤，有机溶液用烧结玻璃漏斗过滤）或离心法把聚合物分离出来。如果聚合物溶于反应混合物中，有两种回收方法：或者用减压蒸馏法除去溶剂，过剩的单体和其他挥发性成分，或者加入沉淀剂使聚合物沉出。第一个方法很少使用，因为这样所得到的聚合物一般呈树脂状，其中杂以引发剂残渣和包藏的单体和溶剂。因此，用沉淀剂沉淀以回收聚合物是最常用的方法。沉淀剂应满足下列要求：它必须与单体和所用溶剂，以及所有的添加剂（如引发剂）和副产物（如低聚物）相混溶，它不应使聚合物溶解而应使聚合物以片状（非油状，非树脂状）沉出。最后，沉淀剂应具有低沸点，且不应过分的被聚合物所吸附或包容。

沉淀的程序一般如下：将反应混合物或聚合溶液在强烈搅拌下滴加到4～10倍量的沉淀剂中。聚合物溶液的浓度（一般不超过10%）和沉淀剂的量应使聚合物以易于过滤的片状沉出为宜。沉出的聚合物常常仍然处于胶体悬浮状，但可在较低温度下操作（外部冷却或随后加干冰），或者加入电解质（氯化钠或硫酸铝溶液，稀盐酸，乙酸或氨水）以避免之。有时长时间搅拌或摇荡也会使聚合物凝聚。那些对溶剂有强吸附性的聚合物和易于树脂化的聚合物，可用喷射沉淀法使之很好地沉淀。为此，将聚合物溶液以细雾喷射到沉淀剂中去；由于所得细小片状沉淀的表面积大，有利于单体和其他包藏杂质从聚合物中扩散出来。图 1-6 为适于这一方法的装置。

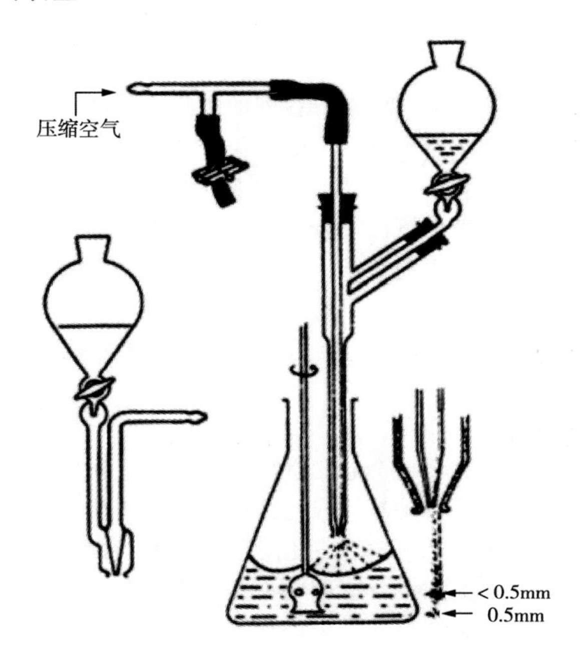

图 1-6　把聚合物溶液喷入非溶剂中的装置

喷嘴的直径不应大于图 1-6 中所示，否则所需的空气射流就太大了。用以形成雾状的空气射流可用空气入口管上的弹簧夹来进行调节：可通过提高或放低空气入口管以适应溶液的黏度。沉淀剂必须给以有效的搅拌；对于约达 300mL 的量，用电磁搅拌就够了。对于对氧敏感的溶液，以氨气代替压缩空气进行喷雾。为使喷嘴不致过冷，所用溶剂的沸点应高于 70℃。

水溶液中的聚合物一般可倾入到乙醇、丙酮或甲醇-乙醚混合物中进行沉淀。从水乳液中分出聚合物常常是困难的，最常用的一些方法是以水稀释（同时加入电解质），冻出法，倾入或喷入到乙醇或丙酮中。

3. 聚合物的精制和干燥

仔细的精制和干燥不仅对准确的分析表征很是重要，而且还因为杂质对力学、电学和光学性能有很大的影响。况且，即使是微量的杂质也会引起或加速降解反应或交联反应。

用于分离低分子量化合物的常规方法（如蒸馏、升华和结晶）不适用于高分子化合物。在某些情况下，可用适当溶剂进行冷萃取或热萃取，或用水汽蒸馏，以除去杂质。从水溶性聚合物（如聚丙烯酸、聚乙烯醇、聚丙烯酰胺）中分离低分子量组分，可用渗析法或电渗析法。最常用的精制法是如下的再沉淀法：在搅拌下，将溶液（最多含5%聚合物）倾入到过量的沉淀剂（4～10倍量）中。重复沉淀，必要时用不同的溶剂-沉淀剂对直至检查不出干扰杂质为止。

因为许多聚合物对溶剂或沉淀剂有强烈的吸附或包藏，聚合物的干燥常常是很困难的。因此在高真空下干燥2～3天并不是罕见的事。要干燥得好，一个先决条件是尽可能地把聚合物弄碎。因为这个原因，冷冻干燥技术是特别重要的。有些情况下，冷冻干燥和喷射沉淀综合并用很有好处。例如，可将聚合物溶液倾入一个研钵中，其底部附以大约榛子大小的干冰。然后把干冰研碎，把研钵放在一个干燥器中，用油泵抽空。也可以将聚合物溶液倾入到一个深冷的与该溶剂不混溶的液体中，例如水溶液倒到冷冻的乙醚中。聚合物以雪片状沉出；倾去乙醚，然后如上述抽真空。

4. 聚合物的稳定

许多聚合物即使非常纯，也会起化学变化，这些变化使聚合物的力学性能和物理性能受到影响。例如，自动氧化或光作用所致的变化，水解或酸解，以及释出低分子量化合物（如聚氯乙烯释出氯化氢）。因此，加入适当的添加剂使聚合物稳定是不可缺少的，尤其在工业应用中更是如此。但在实验室里常常也必须进行稳定，例如防止双烯烃聚合物或聚烯烃在操作过程中（高温下测定黏度）的自动氧化。为此目的，添加0.1%～0.5%的N-苯基-β-萘胺证明是很有用的。将稳定剂和聚合物混合，可把聚合物溶液滴加到含有稳定剂的沉淀剂中去，或者把很细的聚合物分散到稳定剂的乙醚溶液中，同时把乙醚蒸出。对大量聚合物最好使用热混炼机。

附录二　实验室安全知识

高分子化学实验中所用到的大多数单体和溶剂都是有毒的。许多聚合物尽管无毒，但是合成这些聚合物所用的单体，以及这些聚合物的分解产物常常是有毒的，如单体顺丁烯二酸酐、丙烯腈、丙烯酰胺、氟碳聚合物的热解产物等。有机溶剂均是脂溶性的，对皮肤和黏膜有强烈的刺激作用。例如，常用的溶剂苯积累在体内，对造血系统和中枢神经系统造成严重损害；甲醇可损害视神经；苯酚灼伤皮肤后可引起皮炎和皮肤坏死；苯胺及其衍生物吸入体内或被皮肤吸收可引起慢性中毒而导致贫血。另外，几乎所有的有机试剂都具有易燃性，与其他化学实验室相比，高分子化学实验室的安全防范尤为重要。

(一) 化学试剂使用中的安全和防范

1. 火灾、爆炸、中毒、触电的预防

(1) 实验室中使用的有机溶剂（特别是低沸点溶剂），大多数是易燃的，在室温时即具有较大的蒸汽压。空气中混杂易燃溶剂的蒸汽压达到某一极限时，遇明火即发生燃烧爆炸。防火的基本原理是火源与溶剂尽可能远离，切勿将易燃溶剂倒入废物缸中，更不能用敞口容器盛放易燃溶剂。

(2) 为防止液体突然暴沸，在蒸馏前必须加入沸石。若加热后发现尚未放沸石，则不能向正在加热的液体中投加沸石，而必须先停止加热，待冷却后才可以补加沸石（在用活性炭脱色时也要注意，活性炭也相当于沸石）。否则，液体会冲出瓶外，引起燃烧。

(3) 减压蒸馏时，从瓶口插入一根很细的毛细管，其末端一直伸入瓶底的液面之下，以代替沸石，同时控制气流进入的大小。接收器要用圆底烧瓶或梨形烧瓶，而不能用平底烧瓶或锥形瓶，否则会发生爆裂。

(4) 不要用火焰直接去加热烧瓶，而要用水浴、油浴或垫上石棉网。

(5) 回流或蒸馏时冷凝管中的冷凝水要始终保持畅流，警惕有时自来水的突然停止。用毕后，必须切断自来水，并放净冷凝管中的水。

(6) 使用乙醚或易燃气体（如氢气、乙炔、氯乙烯等），要保持室内空气畅通，并应防止一切火星的发生，要绝对避免火种。

(7) 进行封管聚合时，由于管内压力很大，极易引起爆炸。因此，封管应用

硬质厚壁玻璃制成。封管操作时，必须严格按照操作规程进行，开启封管时（需用布包裹）必须先冷却，再烧通风管的尖端，使管内余气逸出，达到内外压力平衡。开启封管时管口要朝向无人处，以免液体喷溅造成人员伤害。

（8）当试剂瓶的瓶塞不易开启时，必须注意瓶内物质的性质，切不可贸然用火加热或乱敲瓶塞等。

（9）纯净的高分子单体，在光照及受热的情况下，会进行聚合并放出大量的热，以致使容器爆炸。因此，单体存放时，需要加入适量的阻聚剂，且要存放于低温、阴暗处。

（10）BPO、AIBN 等引发剂受热或振荡会引起分解、爆炸，需放在低温、阴暗处保存。氧化剂（如氯化钾、过氧化物、浓硝酸等）遇有机物时会发生爆炸或燃烧，应将氧化剂和有机物分开存放。各种试剂的标签要随时检查，防止其脱落。

（11）在接触固态和液态的毒物时，必须戴橡皮手套，操作完毕，应立即洗手，切勿让毒物沾及五官和伤口。

（12）在反应过程中可能放出有毒或腐蚀性蒸汽和气体的实验，应在通风橱内进行，操作时不要把头伸入通风橱内，使用后的器皿应及时清洗。

（13）使用电器时，不要与导电部分接触，湿手不能接触电线和开关，操作要单手进行。装置和设备的金属外壳都应该连接地线。实验完毕后应将电子仪器的指针、刻度恢复到零点，关掉开关，拔去电源插头，以切断电源。要正确选择电子仪器（包括电线）的耐压和耐流值（功率），以免被击穿或烧毁。

（二）事故的处理和急救

1. 火灾

高分子化学实验常常用到许多易燃有机溶剂，有时还会使用碱金属和金属有机化合物，操作不当就可能引发火警和火灾。假如发生了火灾，要保持冷静，不要慌张，应立即切断附近的所有电源，同时移开附近的易燃物质。若锥形瓶内溶剂着火，可用石棉布、湿布或黄沙盖熄。若衣服着火，不要奔跑，应用厚的外衣包裹使其熄灭；若火势较大，则应使用灭火器材；若火势严重，应拨打火警电话。

2. 割伤

取出伤口中的硬物，伤口用蒸馏水洗净后涂上红药水，并用绷带扎住。若伤口较大，则先按住主血管，以防止大量出血，再急送医疗单位。

3. 烫伤

轻伤涂以玉树油或鞣酸油膏，重伤应涂以烫伤油膏后送医疗单位。

4. 试剂灼伤

（1）酸——若被酸灼伤，应立即用大量水洗，接着用 3%～5%碳酸氢钠

(小苏打）溶液洗，再用水洗。严重时要消毒，弄干后涂烫伤油膏。

(2) 碱——若被碱灼伤，应立即用大量水洗，接着用2%乙酸溶液洗，再用水洗。严重时要消毒，弄干后涂烫伤油膏。

(3) 苯酚——苯酚可腐蚀皮肤和黏膜，严重者会成坏疽。手上沾到苯酚时应用大量水冲洗，再用乙醇或三氯化铁的乙醇溶液洗涤。

5. 气体中毒

若发生气体中毒，应立即将中毒者移至室外，解开衣领及纽扣，使其呼吸新鲜空气，并把门窗打开，改善通风条件。

(三) 试剂的存放和废弃试剂的处理

1. 化学试剂的保管

实验室所用试剂，不得随意摆放、散失和遗弃。有些有机化合物遇氧化剂会发生猛烈爆炸或燃烧，操作时应特别小心。卤代烃遇到碱金属时，会发生剧烈反应，伴随大量热产生，也会引起爆炸。因此，化学试剂应根据它们的化学性质分门别类、妥善存放在适当场所。如烯类单体和自由基引发剂应保存在阴凉处，如防爆冰箱。光敏引发剂和其他光敏物质应保存在避光处。强还原剂和强氧化剂、卤代烃和碱金属应分开放置。离子型引发剂和其他吸水易分解的试剂应密封保存（如使用充氮的保干器）。易燃溶剂的放置场所应远离热源，实验室应备有防爆的铁质试剂柜，用于存放大量的有机溶剂和其他危险药品。

2. 废弃试剂的处理

在高分子化学实验中产生的废弃试剂大多来源于聚合物的纯化过程，如聚合物的沉淀、分级和抽提。废弃的化学试剂不可倒入下水道中。固体废弃药品和尖锐的废弃物品，如玻璃残片和刀片，不可随意弃于垃圾袋中，应分类加以收集，并尽量回收再利用。有机溶剂通常按含卤溶剂和非卤溶剂分类收集。非卤溶剂还可进一步分为烃类、醇类、酮类等。无机液体往往分为酸类和碱类废弃物。中性的盐可以经稀释后倒入下水道，但是含重金属的废液不属此类。无害的固体废弃物可以作为垃圾倒掉，如色谱填料和干燥用的无机盐。但是受污染严重的色谱填料不在此列。如吸附有恶臭、颜色深和毒性高的色谱填料；有害的化学药品则需进行适当处理。对反应过程中产生的有害气体，应使用气体吸收装置，以免污染环境。

在回流干燥溶剂过程中，往往会使用钠、镁和氢化钙，后两者反应活性较低，加入醇类使残余物缓慢反应完毕即可；钠的反应活性较高，加入无水乙醇使残余物转变成醇钠，但是不溶的产物会导致钠粒反应不完全，需加入更多的醇稀释后继续反应。经常需要使用无水溶剂时，这样处理钠会造成浪费，可以使用高沸点的二甲苯进行回收。收集每次回流溶剂残留的钠，置于干燥的二甲苯中（每

20g 钠约使用 100mL 二甲苯）。在开口较大的烧瓶中以加热套加热使钠缓慢熔化，轻轻晃动烧瓶，分散的钠球逐渐聚集成较大的球，趁热将钠和二甲苯倒入一个干燥的烧杯中，冷却后取出钠块，保存于煤油中。切记，操作过程要十分小心，不可接触水。

实验十三　用 MS 软件构建 PE 和 i－PP 分子

一、实验目的

1. 了解用计算机软件模拟大分子的“分子模拟”方法；
2. 熟悉用 MS 软件构建聚乙烯、聚丙烯大分子；
3. 理解大分子构象变化的意义。

二、实验原理

C—C 单键是 σ 键，其电子云分布具有轴对称性，因此，以 σ 键相连的两个碳原子可以相对旋转而不影响电子云的分布。原子（或原子基团）围绕单键内旋转的结果将使原子在空间的排布方式不断地变换。对于高分子长链的任意链段如图 13－1 所示，在保持键角 α（$\alpha=109°28'$）不变的情况下，由于 C_1-C_2单键的内旋转，使得 C_2-C_3单键处于以 C_1-C_2为轴的锥面上，即 C_3可处于 C_1-C_2旋转而成的圆锥的底圆边上的任何位置，同样 C_4可处于 C_2-C_3旋转而成的圆锥的底圆边上的任何位置（图 13－1a），以此类推（如图 13－1b）。高分子链是由成千上万个单键组成，每个单键又都可不同程度地内旋转，且旋转频率很高，这就造成了大分子链形态的瞬息万变，使其呈现多种构象并且表现出高分子链的柔性。这种单键内旋转使高分子链可任取不同的蜷曲程度，蜷曲程度可以用高分子链两端点间直线距离——末端距来度量。真实高分子，分子内旋转经常改变它们的构象，必须用统计平均的方法，即所谓的均方末端距。

实验化学家、实验物理学家方便地使用分子模拟方法，在屏幕上看到分子的运动像电影画面一样逼真。Materials Studio（MS）软件可用来构建大分子并通过多种操作使大分子呈现多种构象和状态。本实验用 MS 软件构建大分子、观察大分子的多构象性，并且测量分子末端或基团之间的距离。

MS 软件改变分子构象是在保持键长、键角固定不变的情况下，改变主链的扭转角。扭转角是指通过某个单键连接的两个单键在空间围绕该单键旋转时的夹角，如图 13－1b 中 1、2 原子组成的单键与 3、4 原子组成的单键围绕 2、3 原子组成的单键发生了扭转时所呈夹角。扭转角能反映构象改变的情况，所以在主链上依次选中四个碳原子改变扭转角，就可以改变分子的构象。

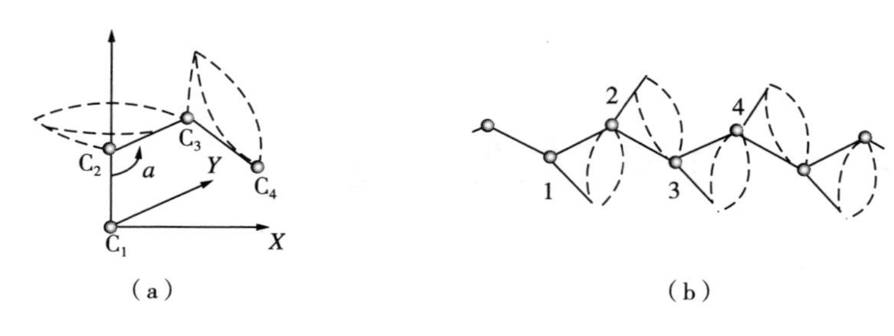

图 13-1 C—C 单键内旋转示意图

三、仪器与材料

计算机一台

MS（Materials Studio）分子模拟软件

四、实验步骤

1. 熟悉软件操作

(1) 打开操作界面　从桌面点击快捷方式（Materials Studio 7.0），在弹出对话框中选择“Create a new proj.”并点击“确认”，接下来在 New Project 对话框中命名文件名“xxx”，并点击“OK”，进入操作界面，操作过程如图 13-2 所示。

(2) 构建分子　选择【Build】菜单中【Build polymers】下的【Homopolymer】，弹出 Homopolymer 对话框，依次对“Polymerize”和“Advanced”选项进行参数设定，点击“Build”，完成分子构建，如图 13-3 所示。

(3) 改变 3D 结构视图的操作

为 3D 视图工具，依据需要选择操作。

执行旋转操作，选择该工具状态下，上下移动鼠标器，分子图形将沿通过分子中心的水平轴旋转；如果左右移动鼠标器，图形将沿通过分子中心的垂直轴旋转。该旋转操作也可在工具状态下直接通过鼠标器右键（即按鼠标器的右键并保持，同时上下、左右拖动鼠标器）来实现。

执行尺寸放大缩小操作，选择该工具状态下，向上或者右侧拖动可以增大分子图形；向下或者向左侧拖动会缩小分子图形。该缩放操作也可在工具状态下直接通过鼠标器左右键操作（即同时按鼠标器左右键并保持，同时上下、左右拖动鼠标器）或中键（即上下滑动中键）来实现。

执行分子平移操作。

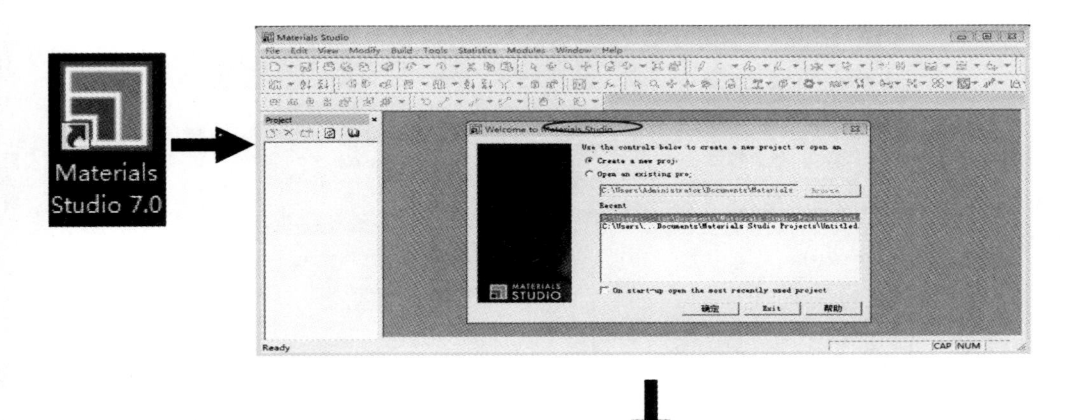
Materials Studio 7.0
Materials Studio
File Edit View Modify Build Tools Statistics Modules Window Help
Project
Welcome to Materials Studio
Use the controls below to create a new project or open an
Create a new proj:
Open an existing pro;
Browse
Recent
C:\Users\...Documents\Materials Studio Projects\Untitled
MATERIALS STUDIO
On start-up open the most recently used project
确定
Exit
帮助
Ready
CAP NUM

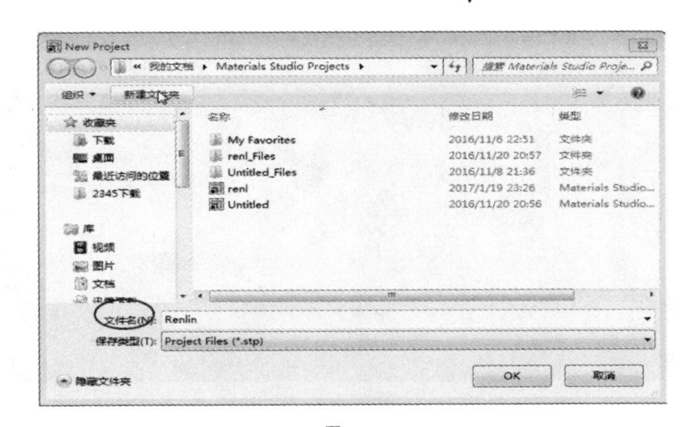
New Project
我的文档 ▸ Materials Studio Projects ▸
组织 ▾
名称
修改日期
类型
收藏夹
下载
桌面
最近访问的位置
2345下载
库
视频
图片
文档
My Favorites
2016/11/6 22:51
文件夹
renl_Files
2016/11/20 20:57
文件夹
Untitled_Files
2016/11/8 21:36
文件夹
renl
2017/1/19 23:26
Materials Studio...
Untitled
2016/11/20 20:56
Materials Studio...
Renlin
保存类型(T):
Project Files (*.stp)
隐藏文件夹
OK
取消

Renlin - Materials Studio
File Edit View Modify Build Tools Statistics Modules Window Help
Project
Renlin
Ready
NUM

图 13－2　打开操作界面

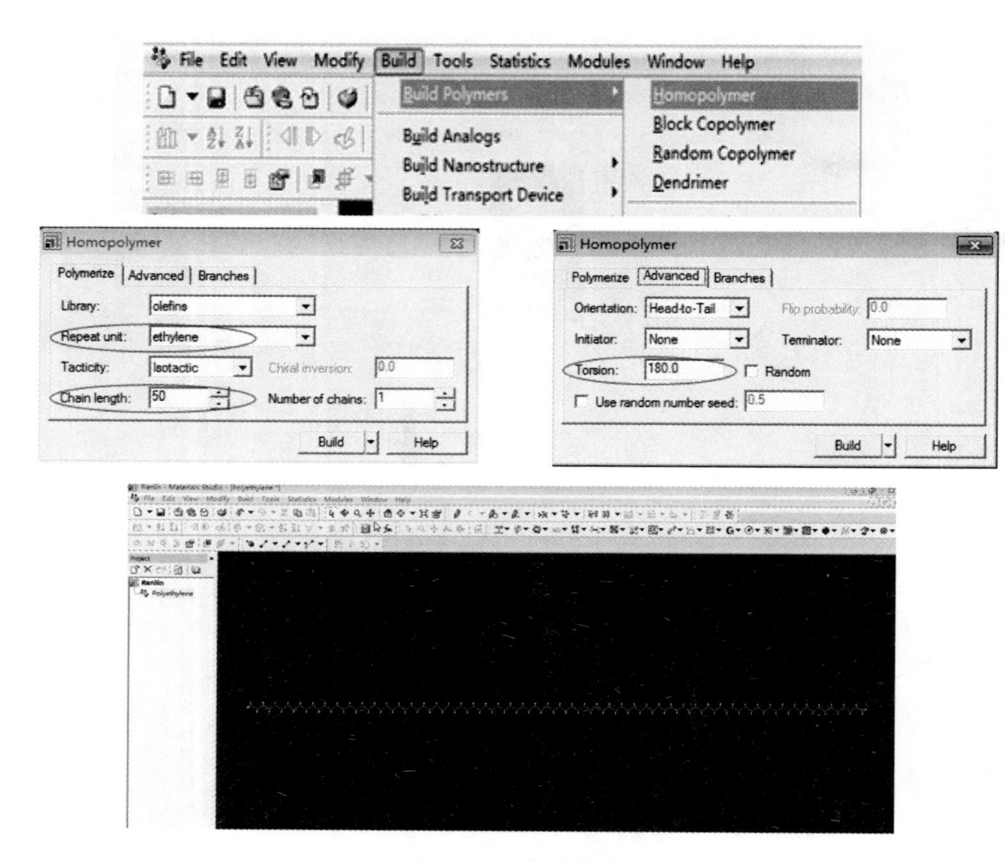

图 13-3 构建分子

▼为分子参数改变和测定工具。箭头下拉选项分别表示为改变或测定原子间距离 Distance 、键角 Angle 和扭转角 Torsion 的工具。

2. PE 分子的构建及构象观察

进入 MS 软件界面，选择【Build】菜单中【Build polymers】下的【Homopolymer】，出现 Homopolymer 对话框，如图 13-4 所示，在 Polymerize 选项中对重复单元（Repeat unit）和链长（Chain length）进行设定，并在 Advanced 选项中进行扭转角（Torsion）设定，设定完毕点击 Build 按钮，即完成全反式 PE 链的构建。

在工具栏选择 ▼，点击箭头在下拉菜单中选择 Distance，用鼠标标记分子两端的主链碳原子，记录该 PE 分子此状态（全反式构象）的末端距离。

在工具栏选择 ▼，点击箭头在下拉菜单中选择 Torsion，随机连续标亮扭转角的四个主链碳原子，调整扭转角度。多次改变大分子主链的扭转角度，直至该 PE 分子呈无归线团状，观察构象变化及末端距变化。

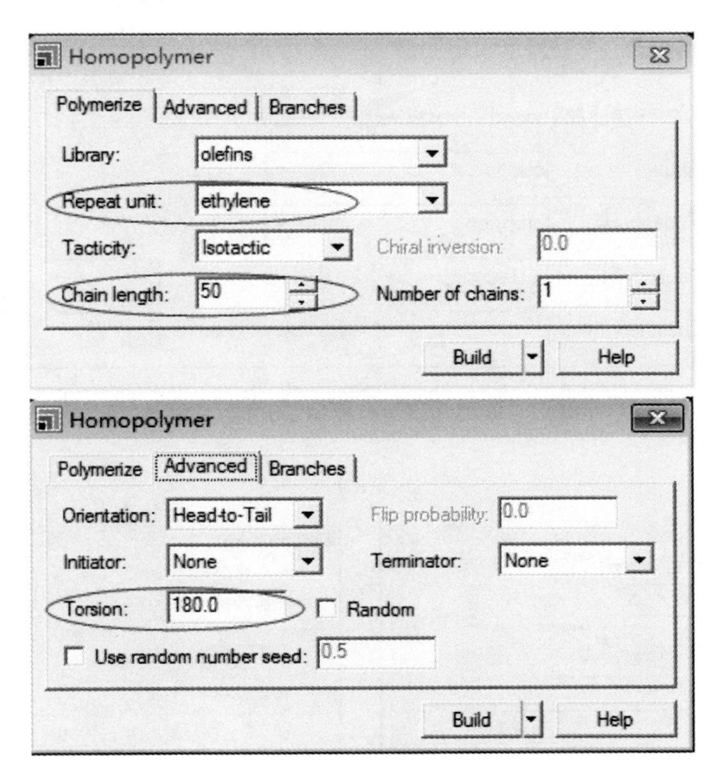

图 13－4　构建 PE 分子

3. i－PP 分子的构建及构象观察

进入 MS 软件界面，选择【Build】菜单中【Build polymers】下的【Homopolymer】，出现 Homopolymer 对话框，如图 13－5 所示，在 polymerize 选项中进行重复单元（Repeat unit）和链长（Chain length）设定，并在 Advance 选项中进行扭转角（Torsion）设定，设定内容如图 13－5a、b 所示，设定完毕点击 Build 按钮，即完成全同 PP 主链为全反式构象的构建。

在工具栏选择 ▼，点击箭头在下拉菜单中选择 Distance，用鼠标标记任意相邻两个甲基的碳原子，记录该组甲基基团之间的距离。

重新构建一个聚丙烯分子，打开 Homopolymer 对话框，在 Polymerize 选项中进行重复单元（Repeat unit）和链长（Chain length）设定，并在 Advance 选项中进行扭转角（Torsion）设定，设定内容如图 13－5a、c 示，设定完毕点击

Build 按钮，即完成全同 PP 主链为螺旋构象的构建。

在工具栏选择 ▼，点击箭头在下拉菜单中选择 Distance，用鼠标标记任意相邻两个甲基的碳原子，记录该组甲基基团之间的距离。

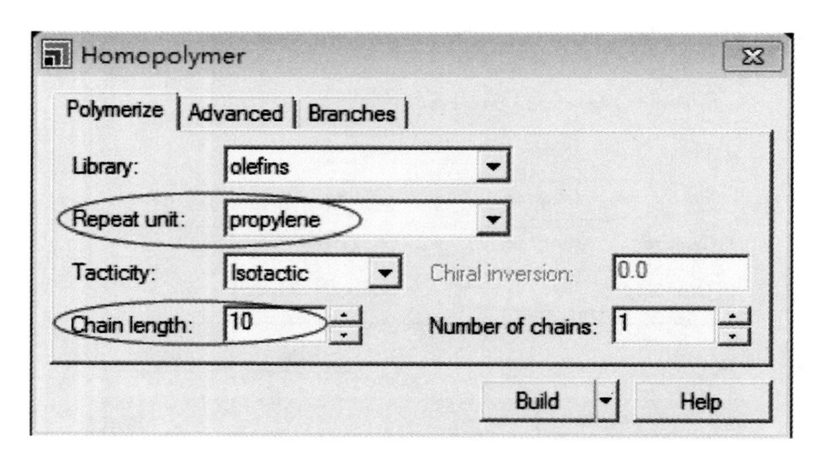

(a)

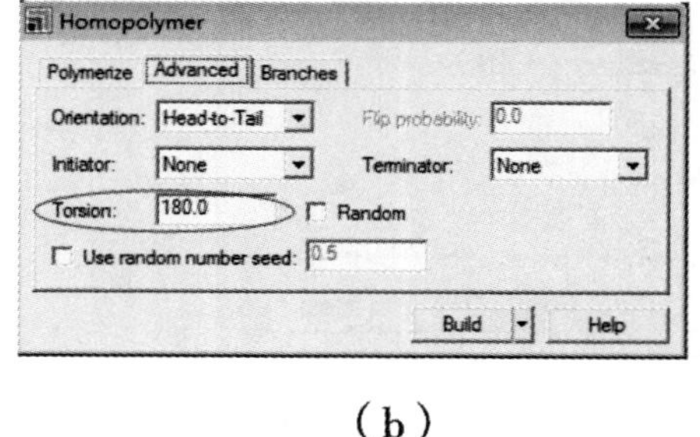

(b)

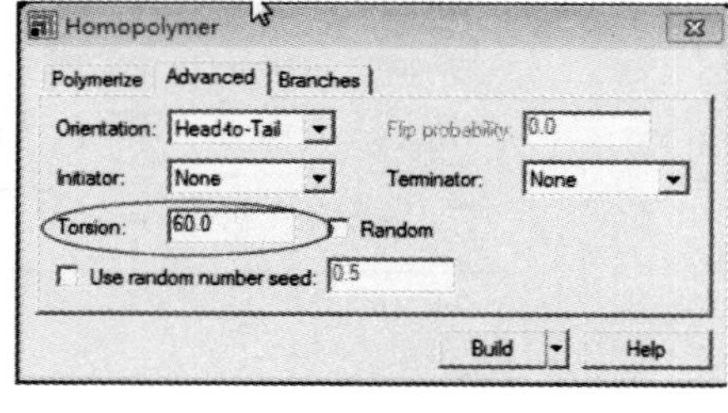

(c)

图 13－5　构建 i—PP 分子

五、注意事项

1. 构建分子前充分熟悉 MS 软件的操作界面。
2. 标记原子需仔细选对、选中。
3. 扭转角度数显示红色方可进行调整。

六、思考题

1. 为什么在本实验情况下我们一再把碳原子到最后一个碳原子的距离叫作末端距，而不是通常所说的均方末端距？

2. 你了解哪些分子模拟软件适用于高分子模拟，各有何优势？

实验十四　偏光显微镜研究聚合物的晶态结构

一、实验目的

1. 了解和掌握偏光显微镜的原理和使用方法；
2. 了解影响高分子球晶尺寸的因素；
3. 观察聚合物的结晶形态，估算聚丙烯球晶大小。

二、实验原理

众所周知，随着结晶条件的不同，聚合物的结晶可以具有不同的形态，如：单晶、树枝晶、球晶、纤维晶及伸直链晶体等。球晶是聚合物结晶中一种最常见的形式。在从浓溶液中析出或液体冷却结晶时，聚合物倾向于生成这种比单晶复杂的多晶聚集体，通常呈球形，故称为“球晶”。球晶的基本结构单元是具有折叠链结构的片晶（晶片厚度在 10 nm 左右）。许多这样的晶片从一个中心（晶核）向四面八方生长，发展成为一个球状聚集体。球晶可以长得很大，直径甚至可达厘米数量级。

聚合物的结晶过程是聚合物分子链由无序的排列变成在三维空间中有规则的排列，结晶聚合物材料、制品的实际使用性能（如光学透明性、冲击强度等）与材料内部的结晶形态、晶粒大小及完善程度有着密切的联系。许多线性聚合物都能结晶，其结晶过程是合成纤维和塑料加工成型过程中的一个重要环节，是直接影响纤维和塑料制品使用性能的一项重要因素。而影响这种转变的外界条件是温度和时间。我们往往也就利用这两个因素来控制结晶速度，从而得到一定大小的聚合物晶体和一定结晶度的聚合物，来达到我们要求的性能。例如聚四氟乙烯的熔点 $T_m=327℃$，从实验得知，聚四氟乙烯在 300℃时结晶速度最快，250℃时结晶速度就降到极低的程度。所以淬火加工成型与不淬火加工成型所得到的塑料制品的力学性能有很大的差别。又例如通过利用控制温度或其他条件来控制结晶速度，防止聚合物在结晶过程中形成大的晶粒是生产透明的聚乙烯、定向聚丙烯或乙烯丙烯共聚物薄膜工艺所要考虑的重要因素。我们知道，定向聚丙烯是容易结晶的聚合物，要得到透明的薄膜，要求聚合物结晶颗粒尺寸要小于入射光在介质中的波长，否则颗粒太大，在介质中入射光要产生散射，导致混浊，使透明度降低。在生产中，除了采取加入成核剂的措施之外，我们将熔融定向聚丙烯急速冷却，也就是进行所谓淬火处理，减弱聚合物链段运动的能量，结晶速度变得很慢，使形成的许多晶核保持在较小的尺寸范围内，不再继续增长。这样就得到了高透明度的聚丙烯制品。由此看来，对聚合物结晶速度的研究和测定无疑是一项很有意义也很重要的工作。因此，对聚合物结晶形态等的研究具有重要的理论和实际意义。

对于几微米以上的球晶，用普通的偏光显微镜就可以进行观察；对小于几微米的球晶，则用电子显微镜或小角激光光散射法进行研究。用偏光显微镜研究聚合物的结晶形态是目前实验室中较为简便而实用的方法。

1. 偏振光

根据振动的特点不同，光有自然光和偏振光之分。自然光的光振动（电场强度 E 的振动）均匀地分布在垂直于光波传播方向的平面内，自然光经过反射、折射、双折射或选择吸收等作用后，可以转变为只在一个固定方向上振动的光波。这种光称作平面偏光，简称偏振光或偏光。偏振光振动方向与传播方向所构成的平面叫作振动面。由起偏振物质产生的偏振光的振动方向，称为该物质的偏振轴，偏振轴并不是单独一条直线，而是表示一种方向。如图 14－1 所示。

2. 正交偏振

自然光经过第一偏振片后，变成偏振光，如果第二个偏振片的偏振轴与第一片平行，则偏振光能继续透过第二个偏振片，透过的光强最大；如果将其中任意一片偏振片的偏振轴旋转 90°，使它们的偏振轴相互垂直，透过的光强最弱，这样的组合，我们称正交偏振。

3. 光的双折射

光波在光学各向同性介质（如熔体聚合物）中传播时，折射率值只有一个，所以只发生单折射现象，不改变入射光的振动特点和振动方向。而当光波在各向异性介质（如结晶聚合物）中传播时，其传播速度随方向不同而发生变化，其折射率值也因振动方向不同而改变，除特殊的光轴方向外，都要发生双折射，分解成与振动方向互相垂直、传播速度不同、折射率不等的两条偏振光。两条偏振光折射率之差叫作双折射率。

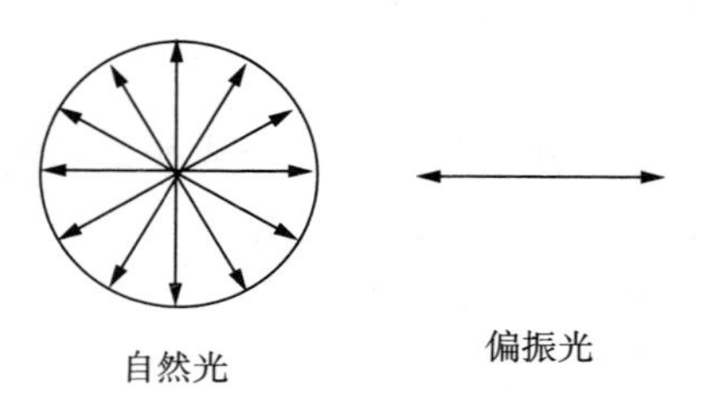

图 14－1 偏振光的振动

光轴方向，即光波沿此方向射入晶体时不发生双折射。晶体可分两类：第一类是一轴晶，具有一个光轴，如四方晶系、三方晶系、六方晶系；第二类是二轴晶，具有两个光轴，如正交晶系、单斜晶系、三斜晶系。二轴晶的对称性比一轴晶低得多，故亦可称为低级晶系。聚合物由于分子链比较长，对称性低，大多数属于二轴晶系。一般聚合物的晶体结构通常属于以上晶系的一种，在一定条件下可相互转换，聚乙烯晶体一般为正交晶系，如反复拉伸、辊压，发生严重变形，晶胞便变为单斜晶系。由晶体光学知道，除了立方晶系的晶体是光学等轴晶体，具有各向同性的光学性能外，其余晶系的晶体均为光学各向异性的，具有双折射性质。

当一束偏振方向为 PP 的偏振光沿非晶轴方向照射光学非等轴晶体时，会分解成与振动方向相互垂直的两束分光，其中一束光线的偏振方向在光轴与传播方向所成的平面内，称为非常光，记作“e”，其折射率随入射角方向改变而改变；另一束光线的振动方向与光轴垂直，称为正常光，记作“o”，其折射率不随入射角而改变。

两条光线 e 和 o，折射率分别为 N_e 和 N_o。从晶体出来后，光线继续在这两个方向上振动，但随后要遇到的检偏镜只允许具有振动 DD 的光线通过，光 e 分解为沿 DD 和 PP 振动的两条光，光线 o 也分解为 DD 和 PP 振动的两条光，沿 PP 方向振动的光被检偏镜所消光，而 DD 方向的光通过检偏镜并发生相互干涉（图 14－2）。

4. 聚合物的光学性质

结晶条件不同时，结晶聚合物可以生成单晶或多晶体。从极稀的聚合物溶液，控制适当的条件，如缓慢降温或蒸发溶剂，可以培养出单晶体，如图 14－3（a）所示。从浓溶液或熔体冷却结晶，一般生成多晶聚集体，其形状有像树枝状的叫树枝晶，如图 14－3（b）所示。有些形成晶粒或晶块，如图 14－3（c）所示，发展成球状的叫作球晶，由于球晶中沿半径排列的微晶的排列方式不同，图像又各种各样，如图 14－3（d）、（e）、（f）、（g）、（h）。条件控制得当，这些球晶可以长到数微米或更大，用光学显微镜可以看得见。在一般的光学显微镜（如生物显微镜）下观察，可以看到聚合物薄片的外观、材料的均匀性、所含粒子（如填料或杂质等）的大小、分布及裂纹等。用金相显微镜则可以观察到不透明材料表面的上述现象。

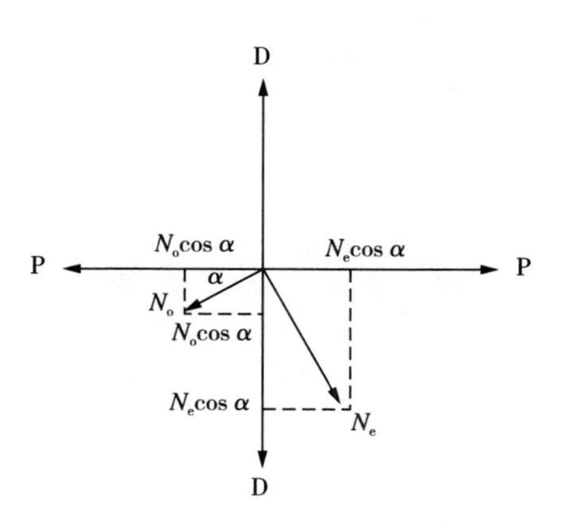

图 14－2　晶体双折射示意图

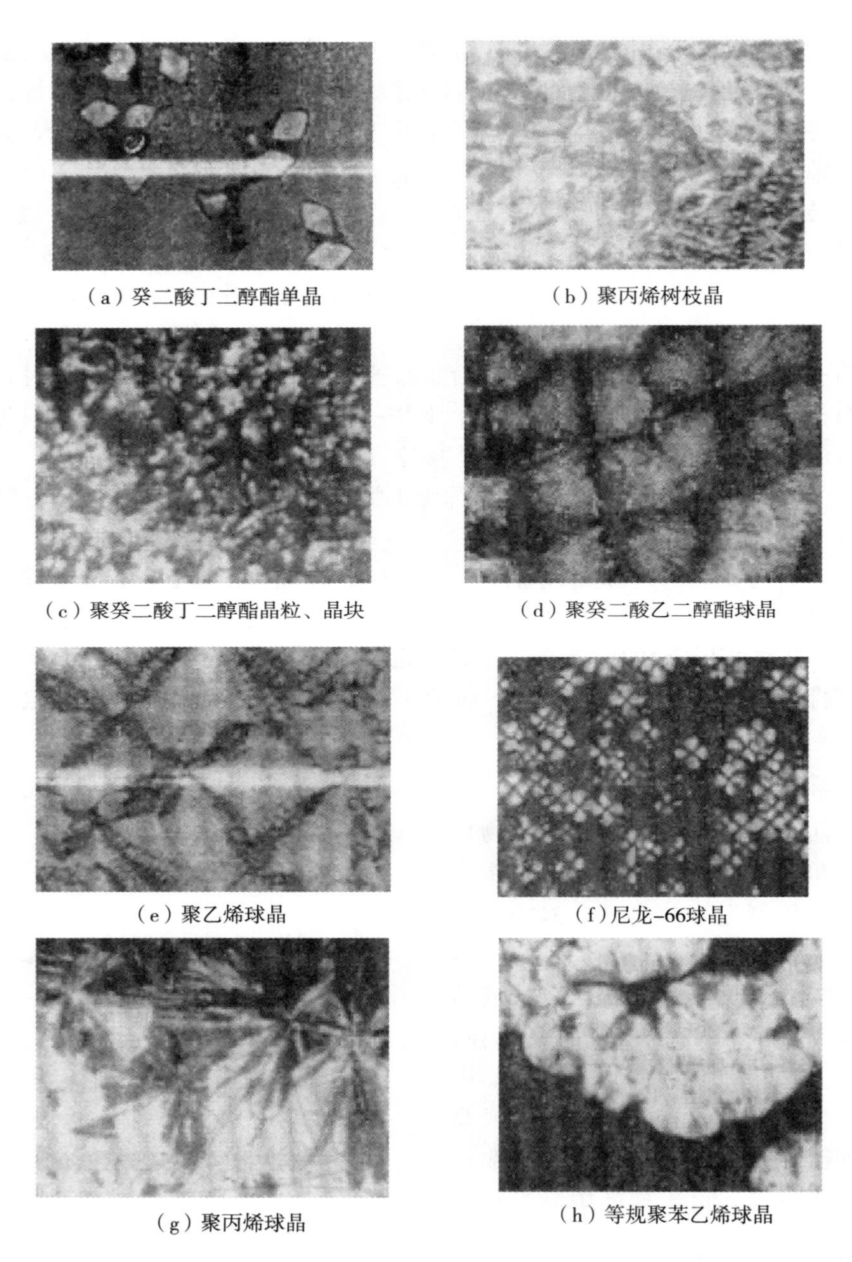

（a）癸二酸丁二醇酯单晶

（b）聚丙烯树枝晶

（c）聚癸二酸丁二醇酯晶粒、晶块

（d）聚癸二酸乙二醇酯球晶

（e）聚乙烯球晶

（f）尼龙-66球晶

（g）聚丙烯球晶

（h）等规聚苯乙烯球晶

图 14-3　偏光显微镜下各种晶体形态

用偏光显微镜在正交偏光镜下进行观察，则可以因聚合物的聚集态不同而呈现一些特殊的图像。对这些图像进行分析，可以对它们的内部结构做一些推测和判断，因而可做聚态结构的研究。例如不同的样品，在正交偏光显微镜可观察到如下的图像。

三、仪器与材料

PM280AG 型偏光显微镜，载玻片两片，盖玻片两片，电热板一台，油浴锅一台，擦镜纸，镊子。

聚丙烯（颗粒）若干。

四、实验内容

1. 样品的制备

1）将少许聚丙烯树脂颗粒放在已于 260℃电炉上恒温的载玻片上，待树脂熔融后，加上盖玻片，加压成膜，保温 2min，然后迅速放入 120℃甘油浴中，结晶 2h 后取出。

2）将少量聚丙烯树脂颗粒用以上同样方法熔融加压法制得薄膜，然后切断电炉电源，使样品在电炉上缓慢冷却到室温。

2. 正交偏光的调节

如图 14－4，将处于底座上方的起偏振镜组（7）摆进光路。起偏振镜的振动方向，仪器出厂前已固定好（仪器的左右水平方向上）。旋转处于显微镜头部前方中间位置的检偏振镜组旋转（2）至 0°位置，就可进行正交偏振光的观察（此时检偏振镜与起偏振镜成正交，可在目镜中观察到最暗的消光现象）。

若将检偏振镜从正交位置 0°转动到 90°位置，则两偏振镜振动轴平行，这时和一般的光线下照明的效果相同。

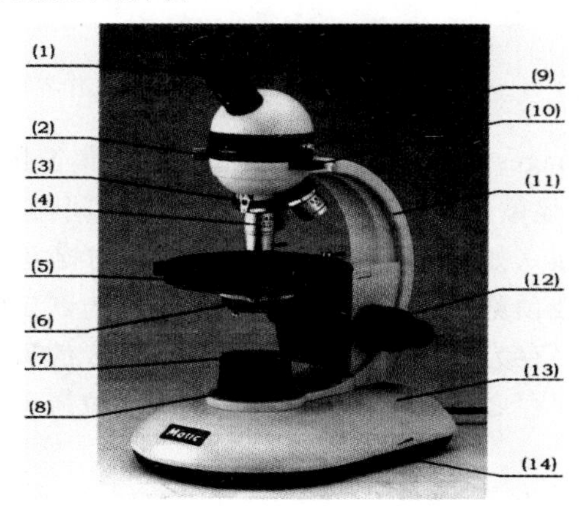

图 14－4　PM280AG 型偏光显微镜示意图

（1）目镜　（2）检偏器　（3）转换器　（4）物镜　（5）旋转载物台
（6）聚光镜　（7）起偏器　（8）集光镜　（9）勃氏镜　（10）补偿器滑块
（11）镜臂　（12）粗微调焦手轮　（13）底座　（14）亮度调节手轮

3. 数码显微镜图片捕捉

1）在计算机桌面启动 Motic Images Plus2.0 ML，将出现如图 14－5 所示的工作界面。

图 14－5 Motic Images Plus2.0 ML 工作界面

2）点击 Motic Images Plus2.0 ML 工具栏中的采集窗按钮（如图 14－6 箭头所示），将启动 Motic 显微视频窗口工具（图 14－7 中间窗口）。点击窗口工具栏中的静态图像捕捉按钮（如图 14－7 箭头所示），将捕捉到采集窗口所见到的实时图像。图像将出现在预览窗口，该图像下方的信息为默认的文件名。如需重命名，可从菜单中选择另存为命令，则跳出类似图 14－8 的另存为对话框，用一个包含图像信息的名字保存之。也可以点击文件格式下拉箭头选择合适的图片格式进行保存。

图 14－6 Motic Images Plus2.0 ML 工具栏

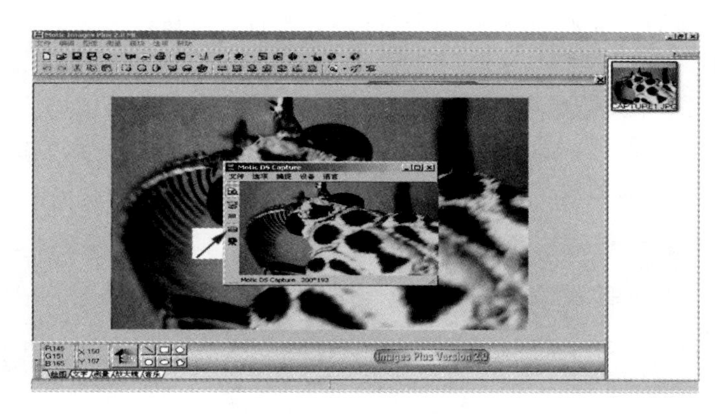

图 14-7　Motic 显微视频窗口工具

图 14-8　文件保存对话框

4. 显微镜测量系统的校准

Motic Images Plus 2.0 ML 提供三种校准方法：1. 校准圆校准；2. 十字刻度线校准；3. 刻度线校准。本实验介绍用校准圆校准步骤。

1）点击图 14-5 测量工具栏上的校准按钮右边的下拉箭头，将会显示如图 14-9 的下拉菜单，选择“校准向导”命令进入校准向导窗口（图 14-10）。用校准圆进行校准，首先请点选校准向导命令来打开校准向导窗口，然后点击用校准圆校准标签，点击装入图像按钮，将得到打开图像对话框，可

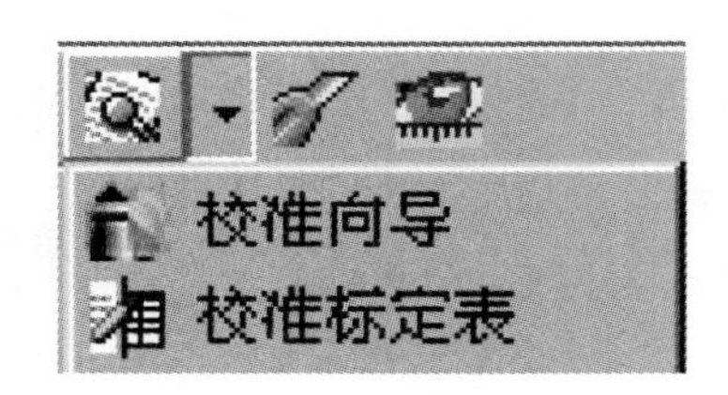

图 14-9　校准菜单

以从中选择采集的校准圆的图像进行校准，点击打开按钮即可装入所选的校准圆图像，见图 14 - 11。

2）请确定采集该图像所用的物镜的倍数以及图像中校准圆的直径，并将这些数据输入相应的位置，然后点击校准按钮进行校准。注意：请使用与您所用的显微镜相配的校准圆切片。

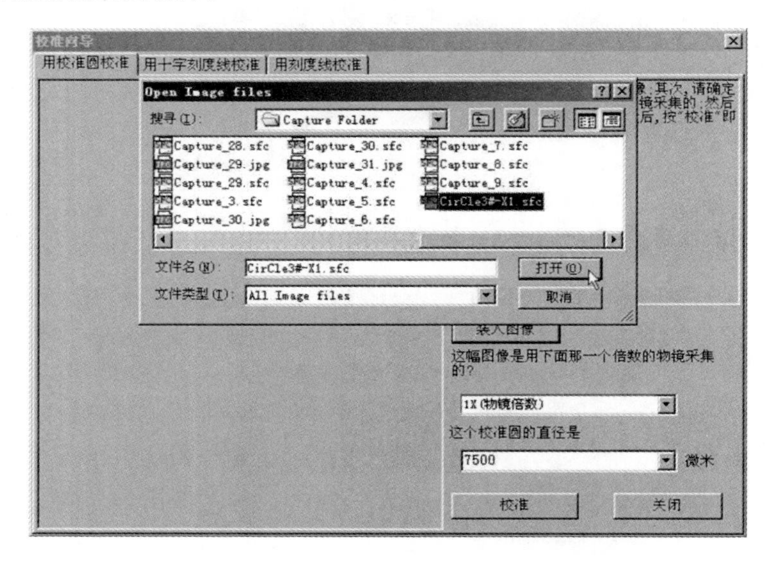

图 14 - 10　校准向导窗口

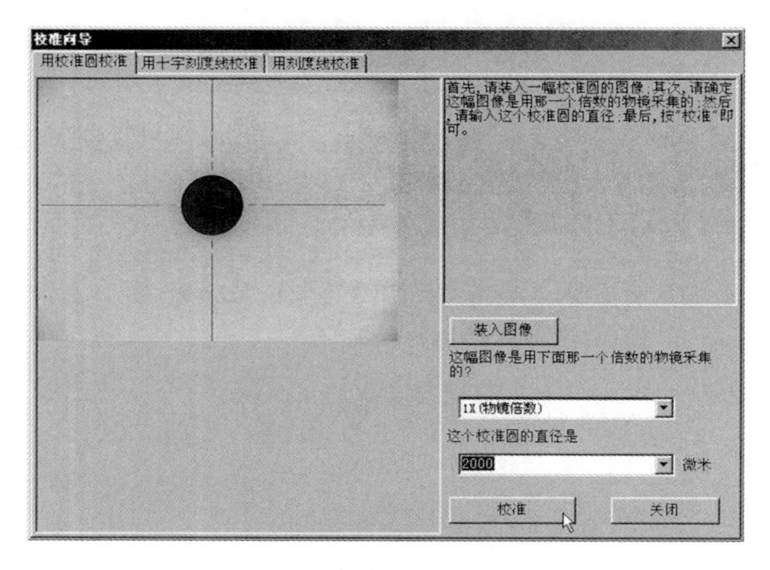

图 14 - 11　标准圆校准窗口

3）点击校准按钮后将出现（图 14－12）存储对话框。首先请点击对话框左边的列表中相应的标定名（一般选所用的物镜的倍数）。然后点击存储按钮保存校准结果以便应用于测量操作。

4）校准结束后点击关闭按钮将校准窗口关闭。

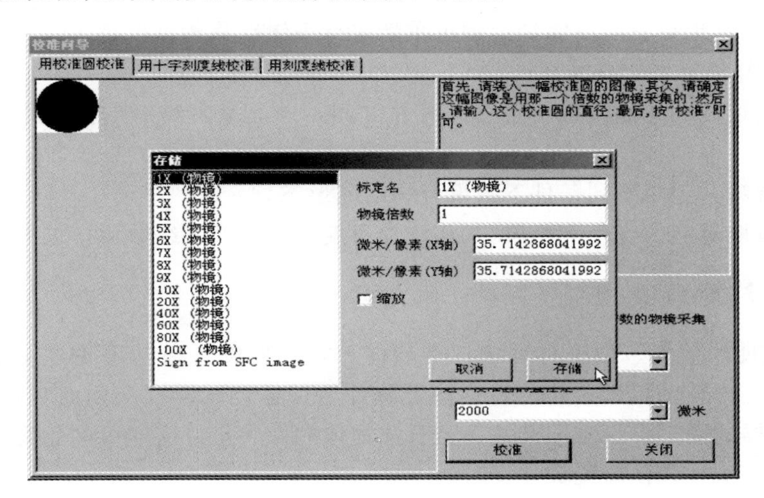

图 14－12　存储对话框

5. 测量

注意：在进行测量操作之前请确认您的系统已经进行过校准。

步骤：

1）在工作界面的测量工具栏中任选一种需要进行测量的图形（如图 14－13）。

14－13　测量方式菜单

2）从工作界面底部的测量控制面板（图 14－14）中选择您所用物镜的放大倍数，默认为 1 倍。点击右边的箭头将得到一个下拉列表，可从中选择您需要的放大倍数。同时，可使用控制面板中的测量选项卡自定义测量单位和精度。

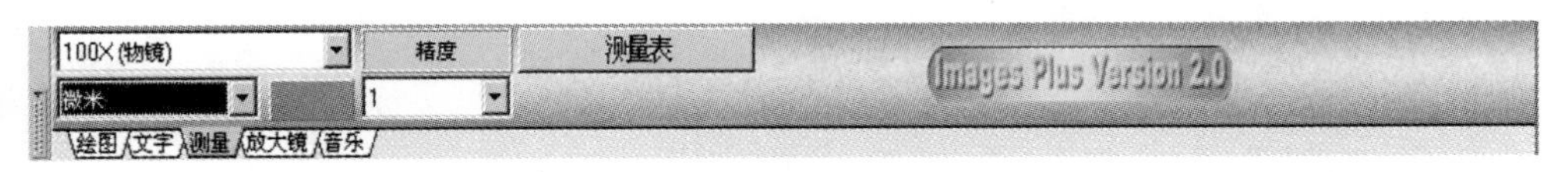

14－14　测量控制面板

3）动鼠标指针到图像窗口，点击并拖动鼠标划出您要测量的区域或距离，即可完成测量操作。通过鼠标的拖曳改变测量位置及范围可再次进行测量。

4）在图像的其他部分点击鼠标右键，将得到弹出式菜单，选择固定或锁命令保存测量结果。注意：固定测量结果后，须使用撤销命令来恢复其编辑状态，而锁定测量结果后只需解除锁定即可重新进行编辑删除测量记录。

6. 实验记录与数据处理

1）简述在偏光显微镜两正交偏光片之间，球晶呈现特有的黑十字消光图像的原理。

2）观察并记录不同条件下的聚合物结晶形态。

3）量取球晶的半径平均值。(从统计角度，各量取三组数值，求平均值)。

五、注意事项

1. 在使用偏光显微镜过程中，必须注意，要先旋转微动手轮，使手轮处于中间位置，再转动粗调手轮，将镜筒下降使物镜靠近试样（从侧面观察），然后在观察试样的同时再慢慢上升镜筒至看清物体的像为止，这样可避免物镜与试样碰撞而压坏试样和损坏镜头。

2. 样品应尽可能压得薄，以便使得到的球晶在显微镜中可清楚观察。

六、思考题

1. 聚合物结晶生长依赖于什么条件，在实际生产中如何控制结晶的形态？

2. 讨论结晶与聚合物制品性质之间的关系。

实验十五　密度法测定聚乙烯的结晶度

一、实验目的

1. 了解聚合物结晶度的测定方法；
2. 掌握密度法测定聚合物结晶度的基本原理和方法。

二、实验原理

聚合物的结晶度是结晶聚合物的重要性能指标，它是反映聚合物内部结构规整程度的物理量，对聚合物的力学性能、热性能、光学性能、溶解性和耐腐蚀性都有着非常显著的影响。聚合物结晶度的测定方法很多，如X射线衍射法、红外吸收光谱法、核磁共振法、差热分析法、反相色谱法及密度法等。其中密度法具有设备简单、操作容易、准确快速的特点，因此是研究聚合物结晶的常用方法。

由于高分子结构的复杂性，大分子内摩擦阻碍等原因，使得聚合物的结晶与小分子晶体相比较会有更多的缺陷，所以结晶总是不完善的，成为一种晶区和非晶区共存的体系。通常，结晶度用质量（或体积）分数定义，即聚合物样品中晶区部分的质量（或体积）占总质量（或体积）的百分数，用x_c^m（或x_c^V）表示。

如果采用两相结合模型，并假定比容具有加和性，即结晶聚合物试样的比容ν等于晶区ν_c和非晶区比容ν_a的线性加和，则有：

$$\nu=\nu_c x_c^m+\nu_a(1-x_c^m) \tag{15-1}$$

可得：

$$x_c^m=\frac{\nu_a-\nu}{\nu_a-\nu_c}=\frac{1/\rho_a-1/\rho}{1/\rho_a-1/\rho_c}=\frac{\rho_c(\rho-\rho_a)}{\rho(\rho_c-\rho_a)} \tag{15-2}$$

式（15-2）中ρ、ρ_c、ρ_a分别为聚合物、晶区、非晶区的密度，ν、ν_c、ν_a分别为聚合物、晶区、非晶区的比容，x_c^m为用质量百分数表示的结晶度。若已知聚合物试样完全结晶时的密度ρ_c和聚合物试样无定形时的密度ρ_a，只要测定聚合物试样的密度ρ，即可求得其结晶度x_c^m。

本实验采用悬浮法测定聚合物试样的密度，即在恒温下，在加有聚合物试样的试管中，调节能完全互溶的两种液体的比例，待聚合物试样不沉也不浮，而是悬浮在混合液体中部时，根据阿基米德定律可知，此时混合液体的密度与聚合物试样的密度相等，用比重瓶测定该混合溶液的密度，即可得聚合物试样得密度。液体密度用公式（15－3）计算：

$$\rho=\frac{W_1-W_0}{W_2-W_0}\rho_2 \tag{15-3}$$

式（15－3）中W_0、W_1、W_2分别为空比重瓶质量、装满混合液的比重瓶质量、装满纯水的比重瓶质量，ρ_2为测量温度下纯水的密度。

三、仪器与材料

超级恒温槽一台；精密温度计一支；试管（ϕ40mm×200mm）一只；滴液漏斗（60mL）一只；比重瓶（25mL）一只；玻璃棒一支。

聚苯乙烯3粒，工业级；95%的乙醇50mL，去离子水300mL。

四、实验步骤

1. 调节恒温槽水浴温度为30℃±0.1℃。

2. 用试管、滴液漏斗、玻璃搅拌棒装成如图15－1所示的装置。试管中装入95%的乙醇约50mL，然后放入3粒聚乙烯样品，此时样品均沉于试管底部。

3. 将整个装置固定在恒温水槽中，恒温后，用滴液漏斗逐滴滴加去离子水，同时上下缓慢移动玻璃棒搅拌使溶液混合均匀。滴加至样品悬浮在溶液的中部（若3粒样品悬浮状况不一致，以第二个悬浮在溶液中部的颗粒为主测定），不浮也不沉，保0.5h，此时混合液体的密度即为聚乙烯样品的密度。

4. 用洁净干燥的滴管吸出约60mL混合溶液至洁净干燥的烧杯中待测密度。

5. 在电子天平上称的空比重瓶的质量W_0，然后取下瓶塞，灌满被测液体，放入恒温槽内。当温度达到平衡后盖上瓶塞，多余的液体从毛细管溢出。用滤纸擦去毛细管口外的液体，从恒温槽中取出并拭净瓶外液体，称出加液体后的质量W_1。倒出瓶中的液体，用去离子水洗净比重瓶后再装满去离子水，用同样的方法称得W_2。

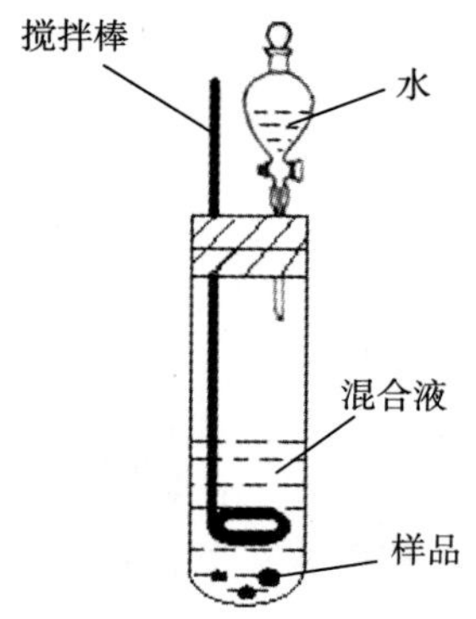

15－1　液体混合装置

6. 数据处理

1）把各种称量结果取平均，然后按式（15－3）计算出混合液即聚合物的密度。

2）按式（15－2）计算出聚合物的结晶度。

五、注意事项

1. 毛细管口的液滴必须在比重瓶离开恒温槽之前擦，否则，当比重瓶从恒温槽取出后，由于室温较低，使毛细管液面下降，就会影响测定结果。

2. 为了消除偶然误差，对装液和称样操作必须重复两次以上，取其平均值。

六、思考题

1. 完全结晶聚合物的密度可如何得到？

2. 结晶度的高低对聚合物性质有何影响？

实验十六　乌氏黏度计仪器常数的测定和动能校正

一、实验目的

1. 了解影响高分子稀溶液黏度测定的各项因素以及对黏度计进行动能校正的必要性，为准确测定高分子溶液的黏度打下基础；

2. 掌握对乌氏黏度计进行动能校正的实验方法。

二、实验原理

用于高分子稀溶液黏度测定的常见仪器有奥氏黏度计（Ostwald 氏黏度计）和乌氏黏度计（Ubbelohde 氏黏度计）。采用奥氏黏度计测定时，试样液体的体积每次必须是相同的，而且黏度计倾斜所导致的流出时间的误差比乌氏黏度计要大很多，所以在测定高分子稀溶液黏度时多采用乌氏黏度计。并且通常采用体积稀释法，即在测完初始浓度高分子溶液在毛细管中的流出时间以后，不断注入不同体积数的纯溶剂，得到不同浓度下高分子溶液的流出时间，将其与纯溶剂流出时间相比以获得高分子溶液的相对黏度和比浓黏度等。虽然用乌氏黏度计测定高分子溶液的黏度简单和方便，但是为了准确测量高分子溶液的黏度，对黏度计进行各项校正是必要的，特别当研究对象为极稀的高分子溶液时。一般来说，应该对黏度计做各种校正，包括动能校正、毛细管有效半径校正、流出体积校正、表面张力校正等。考虑到测量高分子溶液黏度时，通常只需知道高分子溶液相对黏度的大小，因此流出体积校正和表面张力校正，作为初步的近似，在相对黏度的测定中自动消去，一般是可以忽视的。高分子溶质吸附在毛细管管壁上导致毛细管有效半径的减小和界面性质的改变，将会对高分子溶液的黏度产生影响，这种影响只有在极稀高分子溶液中才会变得显著起来，但只要对黏度测定方法稍加改进即可消除其影响。因此动能校正往往是毛细管黏度计应用时最主要的改正，特别是纯溶剂的流出时间小于 100s 时。

依据牛顿黏性流动定律，当两层流动液面间（面积等于 A）由于液体分子间的摩擦产生速度梯度$\frac{\partial \nu}{\partial z}$时(图 16－1)，液体对流动的黏性阻力 f 为：

$$f = A\eta \frac{\partial \nu}{\partial z} \tag{16-1}$$

式(16－1)中，η 为液体的黏度。

当液体在毛细管(图 16－2)里流动时，假使促使流动的力($\pi R^2 P$)全部用以克服液体对流动的黏滞阻力，那么在离轴 r 和($r+\mathrm{d}r$)的两圆柱面间的流动服从下列方程式：

$$\pi r^2 + 2\pi r L\eta \frac{\mathrm{d}v}{\mathrm{d}r} = 0 \tag{16-2}$$

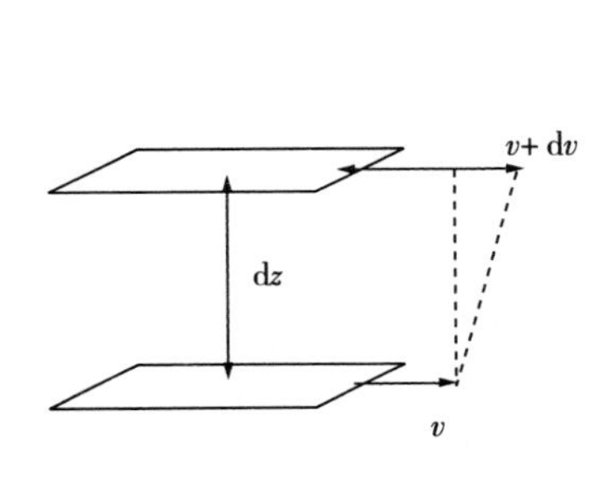

图 16－1　液体的流动示意

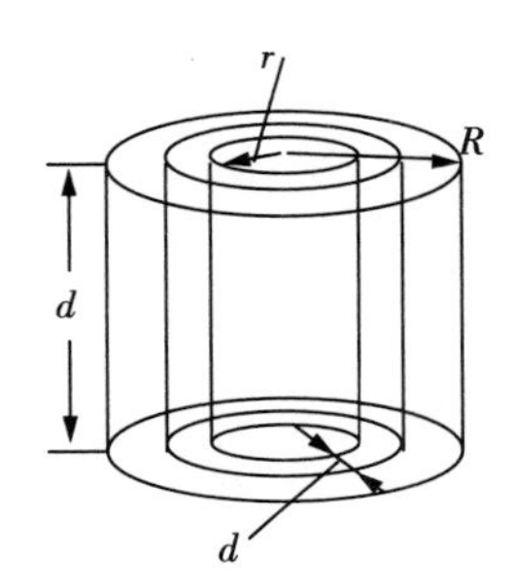

图 16－2　毛细管示意图

式(16－2)就决定了液体在毛细管里流动时的流速分布 $v(r)$。假如液体可以润湿管壁，管壁与液体间没有滑动，则 $v(R)=0$，那么

$$v(r) = \int_R^r \frac{\mathrm{d}v}{\mathrm{d}r}\mathrm{d}r = -\frac{p}{2l\eta}\int_R^r r\,\mathrm{d}r = \frac{P}{4L\eta}(R^2 - r^2) \tag{16-3}$$

式(16－3)中，P 为促使液体流动的在毛细管两端的压力差。

所以平均流出容速，即在时间 t 内流出液体的体积是 V 时：

$$\frac{V}{t} = \int_0^R 2\pi r v\,\mathrm{d}r = \frac{\pi P}{2L\eta}\int_0^R r(R^2 - r^2)\,\mathrm{d}r = \frac{\pi P R^4}{8L\eta} \tag{16-4}$$

由式(16－4)得到液体黏度的表达形式为：

$$\eta = \frac{\pi P R^4 t}{8LV} \tag{16-5}$$

推导式(16－5)时曾假使促使流动的力($\pi R^2 P$)全部用以克服液体对流动的黏滞阻力，但事实情况并非完全如此，液体在流动毛细管时获得了一部分动能。显然，在每秒内流出液体所获得的动能 E 为：

$$E=\int_0^R 2\pi r\mathrm{d}r\cdot v\cdot\rho\cdot\frac{v^2}{2}=\pi\rho\int_0^R rv^3\,\mathrm{d}r \tag{16-6}$$

式(16－3)和式(16－6)联立得到：

$$E=\pi\rho\left(\frac{P}{4L\eta}\right)^3\int_0^R r\,(R^2-r^2)^3\,\mathrm{d}r=\pi\rho\left(\frac{P}{4L\eta}\right)^3\frac{R^8}{8}v_m^3=\pi\rho R^2v_m^3 \tag{16-7}$$

式中的 v_m 是对流出体积而言的等效平均流速，即：

$$v_m=\frac{V}{\pi R^2t}=\frac{PR^2}{8L\eta} \tag{16-8}$$

以 ΔP 表示消耗在液体动能的压力差，则：

$$\Delta P=\frac{E}{\pi R^2v_m}=\rho v_m^2 \tag{16-9}$$

经过动能校正后，方程(16－5)应该写成：

$$\eta=\frac{\pi R^4t}{8LV}(P-\Delta P)=\frac{\pi R^4Pt}{8LV}-\frac{m\rho V}{8\pi Lt} \tag{16-10}$$

令 $A=\frac{\pi hgR^4}{8LV}$，$B=\frac{mV}{8\pi L}$，液体黏度计算公式变为 $\eta=A\rho t-\frac{B\rho}{t}$，即：

$$\frac{\eta t}{\rho}=At^2-B \tag{16-11}$$

显然，如果某一标准液体在不同温度下的密度和黏度值为已知，通过测定在不同温度下某一标准液体在黏度计中的流出时间 t，可以得到$\left(\frac{\eta}{\rho}t\right)$对 t^2 的作图，其斜率值和截距值刚好对应黏度计的仪器常数 A 和 B。考虑动能校正后高分子溶液相对黏度计算式为：

$$\eta_r=\frac{\eta}{\eta_0}=\frac{\rho t}{\rho_0t_0}\cdot\frac{A-B/t^2}{A-B/t_0^2} \tag{16-12}$$

其中，η_0、ρ_0 和 t_0 为纯溶剂的黏度、密度和流出时间。如果$\frac{B}{At^2}\ll 1$，同时假定高分子溶液和纯溶剂的密度近似相等。则式(16－12)可简化为：

$$\eta_r=\frac{t}{t_0}\left[1+k\left(\frac{1}{t_0^2-t^2}\right)\right] \tag{16-13}$$

其中，$k=\dfrac{B}{A}$，为黏度计的仪器常数。从式(16－13)可知，k 值越大，流出时间 t_0 越短，则动能校正值就越大。

确定黏度计的仪器常数 A、B 有三种方法：①用一种黏度已经精密测定的标准液体在两个或两个以上不同的温度下测定流出时间。应用此法测定时，一定要注意严格控制温度，否则不易测准。②用两种或两种以上不同标准液体在同一温度下测定流出时间。标准液体选取的根据是易于纯化、黏度已经精密测定。要求所选取的一种标准液黏度较大，在所用黏度计中动能校正项极小；另一种标准液体则选取黏度较小的，使之在所用黏度计中动能校正项较大。③用同一种标准液体在同一温度下，在流出液体柱上施加不同的外压力测定流出时间。

本实验选取用第一种方法，用纯水作标准液体，在不同温度下测定流出时间，确定仪器常数 A、B 值，进而对乌氏黏度计进行动能校正。

三、仪器与材料

黏度计（流速较快）一支、秒表一块、25mL 容量瓶、玻璃砂漏斗、恒温水槽及恒温装置一套。

重蒸馏水。

四、实验步骤

1. 仪器的清洗　先用铬酸洗液将黏度计、吸量管、容量瓶浸泡，再依次用自来水、去离子水冲洗，每次都要注意反复流洗毛细管部分，洗好后烘干备用。

2. 调节恒温槽温度至（20.00±0.05）℃，在黏度计的 B 管和 C 管上都套上乳胶管，然后将其垂直放入恒温槽，并使水面完全浸没 G 球。取适量去离子水（经砂芯漏斗过滤）至黏度计中（图 16－3）。

3. 待恒温后，用手指将 C 管所连乳胶管折叠捏紧使之不通气，在 B 管所连乳胶管口用针筒将溶液从 F 球经 D 球、毛细管、E 球抽至 G 球 2/3 处，同时让 B、C 管通大气，此时 D 球内的溶液即回入 F 球，使毛细管以上的液体悬空。毛细管以上的液体下落，当液面流经 a 刻度线时，立即按秒表开始计时，当液面降至 b 刻度线时，再按秒停止计时，即测得刻度线 a、b 之间的液体流经毛细管所需时间。重复这一操作至少三次，误差不大于 0.2s，取三次的平均值为 t_1。

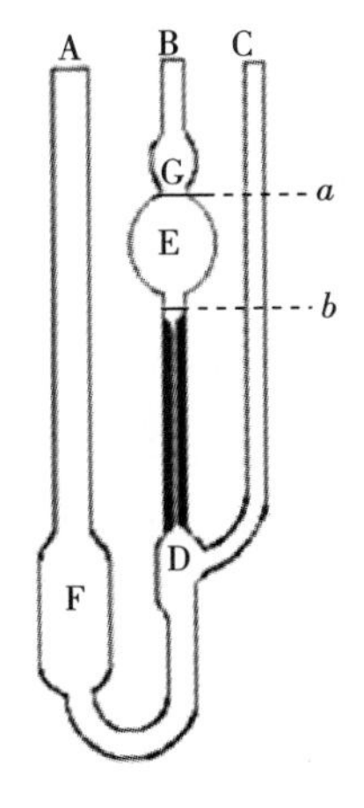

图 16－3　乌氏黏度计

4. 依次再将恒温水浴调节到（25.00±0.05)℃、(30.00±0.05)℃、(35.00±0.05)℃、(40.00±0.05)℃、(45.00±0.05)℃，按2、3步骤测出每个温度下的流出时间 t_2、t_3、t_4、t_5 和 t_6。

5. 数据处理　用图解法求出 A、B 及 k 值：由式（16-11）可知，用（$\frac{\eta}{\rho}t$）对 t^2 的作图可得一条直线，其斜率值和截距值分别对应黏度计仪器常数 A 和 B，再由此求出此黏度计的仪器常数 k 值。（纯水在不同温度下的标准密度值及黏度值查相关文献）

五、注意事项

1. 所用黏度计必须洗净，有微量灰尘、油污等会对流动产生干扰甚至发生堵塞现象，影响液体在毛细管中的流速，而导致较大的误差。

2. 水槽放置要平稳，无明显振动干扰。

3. 黏度计安装保持垂直。

六、思考题

1. 黏度计在什么情况下需要校正？如何校正？

2. 如何从高分子溶液的相对黏度对浓度作图进一步理解在纯溶剂流出时间比较短时进行动能校正的必要性？

3. 要做好此实验，测定的关键是什么？

实验十七　黏度法测定聚合物的分子量

一、实验目的

1. 了解聚合物分子量的统计平均的意义；
2. 熟悉黏度法表征聚合物分子量的基本原理；
3. 掌握黏度法测定聚合物分子量的实验技术。

二、实验原理

测定聚合物分子量的方法很多，由不同方法测得的分子量的统计平均意义也不一样（见表 17－1），各种方法都有它的优缺点和适用的局限性。

表 17－1　分子量的测定方法及其大致适用范围

类型	测定方法	适用分子量范围	平均分子量
化学法	端基分析法	3×10^{4}以下	数均（绝对）
热力学法	沸点升高法	3×10^{4}以下	数均（相对）
	冰点降低法	5×10^{3}以下	数均（相对）
	气相渗透压法	3×10^{4}以下	数均（相对）
	膜平衡渗透压法	$2\times10^{4}\sim1\times10^{6}$	数均（绝对）
光学法	光散射法	$1\times10^{4}\sim1\times10^{7}$	重均（相对）
动力学法	超离心沉降平衡法	$1\times10^{4}\sim1\times10^{6}$	Z 均、重均（相对）
	黏度法	$1\times10^{4}\sim1\times10^{7}$	黏均（相对）
色谱法	凝胶渗透色谱法	$1\times10^{3}\sim1\times10^{7}$	各种平均（相对）

黏度法是利用高分子稀溶液符合牛顿流体的特征而发展起来的。液体的流动是因受外力作用分子进行不可逆位移的过程。液体分子间存在着相互作用力，因此当液体流动时，分子间就产生反抗其相对位移的摩擦力（即内摩擦力），液体的黏度就是液体分子间这种内摩擦力的反映。纯溶剂的黏度反映了溶剂分子间的内摩擦力效应，聚合物溶液的黏度是体系中溶剂分子间、溶质分子间及溶剂分子和溶质分子间内摩擦力作用的综合效应。

乌氏黏度计法研究的是高分子溶液在均匀压力 $P=\rho gh$ 作用下，流经半径是 R、长度为 L 的毛细管的情况。根据牛顿黏度定律得到的流体在上述条件下的黏度公式是：

$$\eta=\frac{\pi\rho ghR^4t}{8LV}-\frac{m\rho\nu}{8\pi Lt} \tag{17-1}$$

用乌氏黏度计（图 17－2）实验时，式（17－1）中许多量成为常数，所以可令 $A=\frac{\pi ghR^4t}{8LV}$，$B=\frac{m\nu}{8\pi L}$，则式（17－1）简化为：

$$\frac{\eta}{\rho}=At-\frac{B}{t} \tag{17-2}$$

式（17－2）中 A、B 为仪器常数，η 为黏度，ρ 为密度，t 为液体流经毛细管的时间。

测定聚合物溶液的黏度时，常用到以下两个参数：

1）相对黏度

$$\eta_r=\frac{\eta}{\eta_0} \tag{17-3}$$

2）增比黏度

$$\eta_{sp}=\frac{\eta-\eta_0}{\eta_0}=\eta_r-1 \tag{17-4}$$

式（17－3）、(17－4）中 η、η_0 分别为聚合物溶液和纯溶剂的黏度。在实验中，如果仪器设计得当和溶剂选择合适，可以忽略动能改正，即 $At\gg\frac{B}{t}$，又因溶液浓度较稀，可以忽略溶液与溶剂密度差异，即 $\rho\approx\rho_0$，则

$$\eta_r=\frac{\eta}{\eta_0}=\frac{\rho}{\rho_0}\cdot\frac{At-B/t}{At_0-B/t_0}=\frac{t}{t_0} \tag{17-5}$$

$$\eta_{sp}=\eta_r-1=\frac{t}{t_0}-1 \tag{17-6}$$

式（17－5）、(17－6）中 t 和 t_0 分别为聚合物溶液和纯溶剂的流出时间。这样只要在一定温度下测定纯溶剂和不同浓度的聚合物溶液流出的时间，就可计算出各种浓度下的 η_r 和 η_{sp}。

黏度除了与分子量有关系外，对溶液浓度也有很大的依赖性。表达溶液黏度的浓度依赖性的经验公式很多，最常用的有以下两个：

$$\frac{\eta_{sp}}{c}=[\eta]+k'[\eta]^2c \tag{17-7}$$

$$\frac{\ln\eta_r}{c}=[\eta]-\beta[\eta]^2c \tag{17-8}$$

式（17－7）、(17－8）中 c 为溶液浓度，k'和 β 均为常数。从式中可以看出，如果分别用$\frac{\eta_{sp}}{c}$和$\frac{\ln\eta_r}{c}$对 c 作图并外推到 $c\to0$（即无限稀释），两条直线会在纵坐标上交于一点，其截距即是［η］，如图 17－1 所示。用公式表示为：

$$\lim_{c\to0}\frac{\eta_{sp}}{c}=\lim_{c\to0}\frac{\ln\eta_r}{c}=[\eta] \tag{17-9}$$

式（17－9）中［η］为聚合物溶液的特性黏度，反映了无限稀溶液中溶剂小分子与高分子间的内摩擦效应，它决定于溶剂的性质和聚合物的形态及大小。溶液体系确定后，在一定的温度下，聚合物溶液的特性黏度只与聚合物分子量有关。可用 Mark－Houwink 公式表示：

$$[\eta]=KM_\eta^\alpha \tag{17-10}$$

式（17－10）中：M_η 为黏均分子量；K 和 α 是与温度、聚合物及溶剂性质有关的常数，一般可以查表获得。本实验通过采用乌氏黏度计对聚乙二醇-水溶液的黏度进行测定来表征聚乙二醇的分子量。

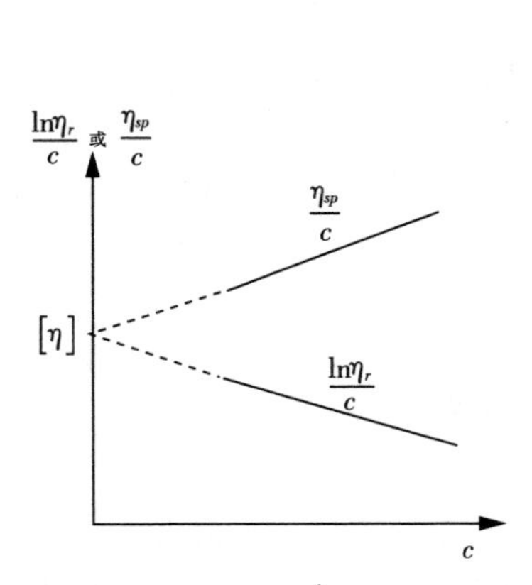

图 17－1　$\frac{\eta_{sp}}{c}$ 对 c 和$\frac{\ln\eta_r}{c}$对 c 关系图

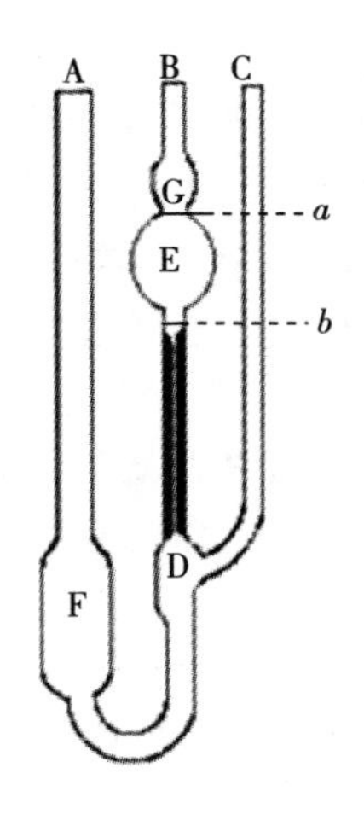

图 17－2　乌氏黏度计

三、仪器与材料

恒温水浴槽一套；乌氏黏度计一支；移液管(5mL，1；10mL，2）三支；秒

表一块；50mL针筒一只；容量瓶(25mL、50mL各1)两只；砂芯漏斗(2#)两只；洗耳球一只；乳胶管两根；洗瓶一个。

0.15g/100mL的聚乙二醇的水溶液20mL，200mL去离子水，铬酸洗液适量。

四、实验步骤

1. 仪器的清洗

先用铬酸洗液将黏度计、吸量管、容量瓶浸泡、洗净，再用自来水、去离子水分别冲洗几次，每次都要注意反复流洗毛细管部分，洗好后烘干备用。

2. 溶液、溶剂的准备

取0.15g/100mL的聚乙二醇的水溶液约20mL经砂芯漏斗过滤转移至25mL的容量瓶中，并将其在水浴中恒温。取50mL去离子水经另一砂芯漏斗过滤至50mL容量瓶中，在水浴中恒温。

3. 聚合物溶液流出时间的测定

1) 调节恒温槽温度至(30.0±0.1)℃，在黏度计的B管和C管上都套上乳胶管，然后将其垂直放入恒温槽，并使水面完全浸没G球。

2) 用10mL移液管移取10mL已恒温溶液由A管注入黏度计中，恒温10min。

3) 用手指将C管所连乳胶管折叠捏紧使之不通气，在B管所连乳胶管口用针筒将溶液从F球经D球、毛细管、E球抽至G球2/3处，同时让B、C管通大气，此时D球内的溶液即回入F球，使毛细管以上的液体悬空。

4) 毛细管以上的液体下落，当液面流经a刻度线时，立即按秒表开始计时，当液面降至b刻度线时，再按秒表，停止计时，即测得刻度线a、b之间的液体流经毛细管所需时间。重复这一操作至少三次，误差不大于0.2s，取三次的平均值为t_1。

5) 用体积稀释法测定t_2、t_3、t_4、t_5。即从50mL容量瓶中移取5mL已恒温的溶剂至黏度计中，反复抽吸使溶液混合均匀，恒温10min，测定t_2。接下来依次分别加5mL、10mL、10mL溶剂稀释测定t_3、t_4、t_5。

4. 溶剂流出时间的测定

取下黏度计，将溶液倒入回收瓶。用无尘去离子水清洗黏度计约3次以上，尤其要反复抽吸清洗黏度计的毛细管部分。移取10mL溶剂至黏度计中，恒温10min，用同法测定溶剂流出的时间t_0。

5. 结果处理

1) 分别以$\frac{\eta_{sp}}{c}$对c和$\frac{\ln\eta_r}{c}$对c作图，外推至$c\rightarrow 0$时两条直线交于纵坐标上的一

点，读取其值，即得$[\eta]$。

2）聚乙二醇在30℃，用水作溶剂时，$K=1.25\times10^{-2}$，$\alpha=0.78$，再将特性黏度值带入式(17-10)计算黏均分子量。

五、注意事项

1. 黏度计必须洁净，高聚物溶液中若有絮状物不能将它移入黏度计中。

2. 本实验溶液的稀释是直接在黏度计中进行的，因此每加入一次溶剂进行稀释时必须混合均匀，并抽洗E球和G球。

3. 实验过程中恒温槽的温度要恒定，溶液每次稀释恒温后才能测量。

4. 黏度计要垂直放置。实验过程中不要振动黏度计。

六、思考题

1. 影响黏度法测定聚合物分子量精确性的因素有哪些？

2. 乌氏黏度计中支管C的作用是什么？

3. $[\eta]=KM_\eta^\alpha$ 式中的K值和α值在什么条件下是常数？如何用实验方法测得？

实验十八　凝胶色谱法测定聚合物的分子量分布

一、实验目的

1. 了解凝胶色谱法测定聚合物分子分布的原理；
2. 初步掌握凝胶色谱仪的操作技术；
3. 测定聚苯乙烯的分子量分布。

二、实验原理

聚合物的性能与其分子量和分子量分布密切相关。分子量的多分散性是聚合物的基本特征之一。对多分散性的描述，常见的有分布曲线、多分散系数（α）和分布宽度指数（σ_n^2、σ_w^2）。

聚合物分子量分布的测定方法可分为三类：①利用聚合物溶解度的分子量依赖性，将试样分成分子量不同的级分，从而得到试样的分子量分布，例如逐步沉淀分级法和梯度淋洗分级法。②利用高分子在溶液中的分子运动性质得出分子量分布，例如：超速离心沉降法。③利用高分子在溶液中的体积对分子量的依赖性得到分子量分布，例如：体积排除色谱法。

凝胶渗透色谱法 GPC(Gel Permeation Chromatography)，亦称体积排除色谱法 SEC(Size Exclusion Chromatography)。其分离机理目前还没有取得一致意见，但是在一般条件下，排除分离机理被认为是起主要作用的，即高分子溶液通过填充有特种多孔性填料的柱子时是按照分子在溶液中流体力学体积的大小进行分离的。由于它可快速、自动测定聚合物的分子量分布和各级分平均分子量，并可用作制备窄分布聚合物试样的工具。另外，在分离、纯化和分析低分子量混合物方面也起着重要作用。因此，该技术自 20 世纪 60 年代出现后，获得了发展和广泛地应用。

通常可以用$(\bar{h}^2)^{3/2}$ 表示溶液中高分子的流体的力学体积，根据 Flory 特性黏数理论，$[\eta] \propto \frac{(\bar{h}^2)^{3/2}}{M}$，以及 MHS(Mark - Honwink - Sakurada) 方程：$[\eta] \propto M^\alpha$，α 一般为 0.5 ～ 1，则$(\bar{h}^2)^{3/2} \propto M^{\alpha+1}$，显然分子量越大，分子在溶液中流体力学体积越大。排除分离机理的理论认为，体积排除色谱对多分散高分子在分离主要是由于大小不同的分子的多孔性填料中可以渗透的空间体积不同而形成的。

装填在色谱柱中的多孔性填料的表面和内部有着各种大小不同的孔洞和通道，当被分离的试样随着洗提溶剂引入柱子后，溶质分子即向填料内部孔洞渗透，渗透的程度与分子的体积大小有关，比填料的最大孔洞大的所有分子只能位于填料颗粒之间的空隙中，随着溶剂洗提而首先被洗提出来，此时淋出体积 V_e 等于柱中填料的粒间体积 $V_0(V_e=V_0)$，对于这类分子，色谱柱没有分离作用。相反可以进入填料所有孔的最小分子随着溶剂洗提将最后被洗提出来，V_e 等于填料内部的空洞体积 V_i 和填料粒间体积 V_0 之和$(V_e=V_0+V_i)$，对于这类分子，色谱柱同样没有分离作用。只有尺寸介于上述两极端之间的分子，可以向填料的部分孔洞渗透，可渗透的孔洞体积取决于分子体积，对于这些分子，色谱柱才会显示出分离作用，即这类分子的保留体积应为：

$$V_e=V_0+V_{ic}=V_0+\frac{V_{ic}}{V_i}V_i=V_0+K_dV_i \tag{18-1}$$

式(18-1)中，K_d 为该分子可渗入填料内部空洞的 V_{ic} 与孔洞总体积 V_i 之比。

对于比最大孔洞还要大的分子，$K_d=0$，$V_e=V_0$；对于能进入填料所有孔的最小分子，$K_d=1$，$V_e=V_0+V_i$，对于尺寸介于上述两极端之间的分子，$0<K_d<1$，$V_e=V_0+KV_i$；对于大小不同的分子有不同的 K_d 值，相应的淋出体积也就不同，从而这些分子将按照分子体积由大到小的次序被洗提出来。所以当多分散高分子随着溶剂流经色谱柱，就能按照分子量由大到小的次序进行分离。

为了测定聚合物的分子量分布，不仅要把聚合物按照分子量的大小进行分离，还要测定各级分的含量和分子量。级分的含量就是淋出液的浓度，可以通过对于溶液浓度有线性关系的某些物理性质的检测来测定溶液的浓度，例如采用示差折光检测器、紫外吸收检测器、红外吸收检测器等。常用示差折光检测器测定淋出液的折光指数与纯溶剂折光指数之差 Δn 表征溶液的浓度。因为在稀溶液范围，Δn 与溶液浓度 Δc 成正比。分子量的测定有直接法和间接法。直接法是分子量检测器(黏度法或光散射法)在浓度检测器测定溶液浓度的同时直接测定溶液的分子量。间接法是利用淋出体积与分子量的关系，将测出的淋出体积根据标定曲线换算成分子量。本实验采用间接法测定聚合物的分子量。

图18-1所示的就是GPC工作流程图。这样记录仪上得到的GPC谱图如图18-2所示，纵坐标为洗提液与纯溶剂的折光指数的差值 Δn，在极稀溶液中它成正比于洗提液的相对浓度 Δc，横坐标为保留体积 V_e，它表征分子尺寸的大小，与分子量 M 有关，然后再利用 V_e 与 M 之间的关系，将GPC谱图的横坐标 V_e 转换成分子量 M 或分子量的对数 $\lg M$。

表示 M 与 V_e 关系的曲线就是GPC标定曲线，通常用分子量的对数 $\lg M$ 对淋出体积 V_e 作图来表示，如图18-3所示，它是在相同的测试条件下测定一组已知分子量的窄分布标准样品 GPC 谱图，然后将各峰值位置的保留体积 V_e 和相应样品的 $\lg M$ 作图而得到的。对于标样的要求是为窄分布的，其平均分子量的数值必须准确可靠，原则上应当是与待测样品同类的聚合物。以 $\lg M$ 对 V_e 作图得到的标定线在填料的渗透极限范围内通常有直线关系，即：

$$\lg M = A - BV_e \tag{18-2}$$

有时也用自然对数表示：

$$\ln M = A' - B'V_e \tag{18-3}$$

式(18－3) 中，$A' = 2.303A$，$B' = 2.303B$。

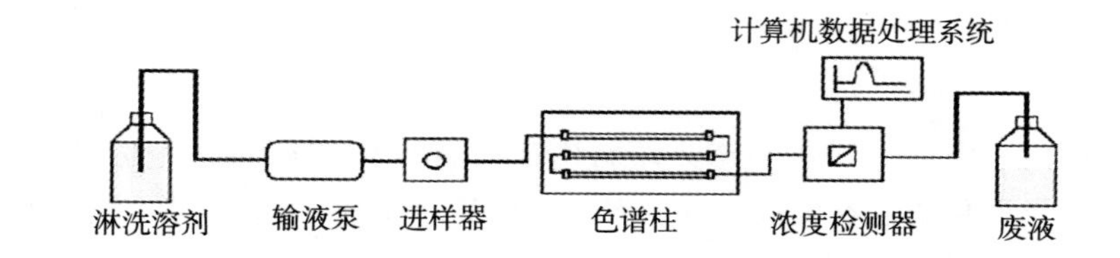

图 18－1　GPC 工作流程图

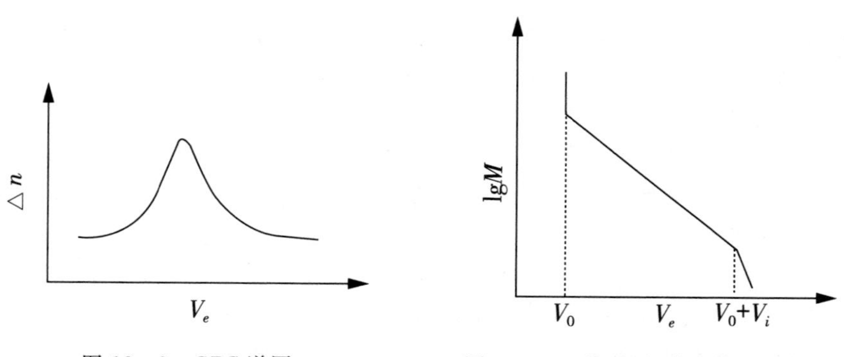

图 18－2　GPC 谱图　　图 18－3　分子量-淋出体积标定曲线

由于 GPC 的机理是按照分子尺寸的大小进行分离，因此与分子量是间接关系。不同类型的高分子当分子量相同时，它们的分子尺寸不一定相同。因此在同一根柱子中采用相同的测试条件下，用不同类型的高分子标样所得到的标定曲线可能并不重合。这样，在测定每种聚合物的分子量分布时都要先用此种聚合物的窄分布标样得到适合于此种聚合物的标定线。这给测定工作带来极大的不便，而且聚合物的窄分布标样并不是很容易得到。但是有一种普适标定曲线却适用于在相同测试条件下不同结构、不同化学性质的聚合物试样，它是根据 GPC 的排斥分离原理由某种标样的标定曲线转换得来的。因为在相同测试条件下，不同结构、不同化学性质的聚合物试样若具有相同的流体力学体积，则应有相同的GPC保留体积。由 Flory 特性粘数理论，$[\eta] \propto \frac{(\bar{h}^2)^{3/2}}{M}$，则$[\eta]M \propto (\bar{h}^2)^{3/2}$，$[\eta]M$具有体积的量纲。因此$[\eta]M$可以代替溶液中高分子的液体力学体积。以$[\eta]M$对$V_e$作图，由不同的聚合物试样所得的标定线应该是重合的，通常 $\lg([\eta]M)$ 对 V_e 的作图被称为普适标定曲线。

由 GPC 谱图计算试样的平均分子量和多分散系数，方法有定义法和函数适应法。本实验计算可采用定义法，见下述。

在 GPC 谱图上，在相等的淋出体积间隔处读出相应的纵坐标 H_i，该值与此区间内淋出液的浓度 Δc 成正比，此淋出液中的聚合物在总样品所占的质量分数为：

$$W_i = \frac{H_i}{\sum_i H_i} \tag{18-4}$$

再根据标定曲线或普适标定曲线读出对应于各保留体积间隔的分子量 M_i。最后根据各种平均分子量的定义可计算出各种平均分子量和多分散系数：

$$\overline{M}_w = \sum_i \left(M_i \frac{H_i}{\sum_i H_i}\right) \tag{18-5}$$

$$\overline{M}_n = \left[\sum_i \left(\frac{1}{M_i} \frac{H_i}{\sum_i H_i}\right)\right]^{-1} \tag{18-6}$$

$$\overline{M}_\eta = \left[\sum_i \left(M_i^{\alpha} \frac{H_i}{\sum_i H_i}\right)\right]^{1/\alpha} \tag{18-7}$$

$$\frac{\overline{M}_w}{\overline{M}_n} = \left[\sum_i \left(M_i \frac{H_i}{\sum_i H_i}\right)\right] \sum_i \left(\frac{1}{M_i} \frac{H_i}{\sum_i H_i}\right) \tag{18-8}$$

三、仪器与材料

Waters 凝胶渗透色谱仪(包括进样系统、色谱柱、示差折光仪、级分收集器等)、聚苯乙烯(标准样品)、四氢呋喃、聚苯乙烯(待测样品)。

四、实验步骤

1. 开启稳压电源，等仪器稳定后进样。

2. 配制 10mL0.05% ～ 0.3% 的聚苯乙烯 / 四氢呋喃溶液，用聚四氢乙烯过滤膜把溶液过滤到 4mL 的专用样品瓶中，待用。

3. 进样前，在主机面板上设置分析时间、进样量、流速等测试条件，并打开输液泵，将流速调至 1mL/min。

4. 开启示差折光仪，开启数据处理机，输入标定曲线等必要的参数。

5. 将溶液注入体系，测试。在测试过程中，要注意仪器工作是否正常，如正常，45min 后可直接从处理机上得到谱图。

6. 数据处理本实验采用定义法处理数据，GPC 谱图是以保留体积为横坐标，洗提液与纯溶剂的折光指数差值 Δn（正比于洗提液的浓度）为纵坐标，人为地将 GPC 谱图切割成与纵坐标平行的长条，假如把谱图切割成 n 条（n 大于等于 20），并且每条的宽度都相等，而每条的高度用 H_i 表示，则相当于把式样分成 n 个级分，每个级分的体积都相等，这样每个级分中聚合物的质量与级分的浓度成正比，每个级分中聚合物在总样品中所占的质量分数 W_i 可用式（18－4）来表示，再按（18－5）～（18－8）式计算试样的各种平均分子量和多分散系数。

事实上，由于谱峰扩宽效应，GPC 谱图比实际的分子量分布要宽，上面计算的是表观分子量和表观分子量分布宽度。

五、注意事项

1. 溶液进样前需经过滤，以防固体颗粒物进入色谱柱内，引起柱内堵塞。

2. 实际计算时取点应该尽可能多，至少应有 20 个。

六、思考题

1. 在测定聚合物分子量分布和制备级分样品上，体积排除色谱法与分级法相比，各有什么优缺点？

2. GPC 法是一种测定聚合物各种平均分子量的方法，请问它是绝对方法吗？为什么？

3. 聚合物分子量分布对制品的性能有什么影响？对聚合物加工条件的选择有何影响？

实验十九　膨胀计法测聚合物的玻璃化转变温度

一、实验目的

1. 了解升温速率对玻璃化温度的影响；
2. 理解自由体积概念在高分子科学中的重要性；
3. 掌握膨胀计法测定聚合物玻璃化转变温度的方法。

二、实验原理

聚合物的玻璃化转变对于非晶态聚合物而言，是指玻璃态和高弹态之间的转变；对于晶态聚合物来说，是指其非晶部分所发生的这种转变。发生转变时的温度称玻璃化转变温度，记作 T_g。玻璃化转变温度是聚合物的特征温度之一，可以作为表征聚合物的指标。从分子运动的角度、聚合物的玻璃化转变对应于链段运动的“发生”和“冻结”的临界状态。因此，当聚合物发生玻璃化转变时，许多物理性质出现急剧的变化。如固定其他条件而只改变温度，聚合物的比容、比热容、导热系数、折射率、形变、介电常数、弹性模量、内耗、介电损耗、热焓、核磁共振吸收等，都发生突变或不连续的改变。这些在玻璃化转变过程中物理性质的显著变化，都可以用来研究玻璃化转变的本质和测量玻璃化温度，其中利用体积变化来测定 T_g 的方法——膨胀计法是一种经典方法。

自由体积理论认为：聚合物的体积由两部分组成，一部分是大分子本身的占有体积，另一部分是分子间的空隙，称为自由体积，它是分子运动时所需要的空间。当温度比较高时，自由体积比较大，能够发生短程扩散运动，而不断进行构象重排。

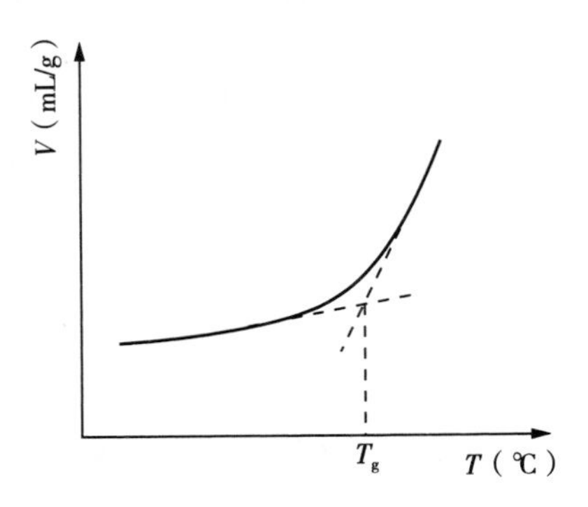

图 19－1　聚合物比容-温度关系图

温度降低，自由体积减小。降至 T_g 以下时，自由体积减小到一临界值以下，链段短程扩散运动已不能发生，这时就发生玻璃化转变。这种自由体积的变化，反映在聚合物比容-温度关系曲线上，如图 19－1 所示。

曲线的斜率 dV/dT 是体积膨胀率。曲线斜率发生转折所对应的温度就是玻璃化转变温度 T_g。有时实验数据不产生尖锐的转折，通常是将两根直线延长，取其交点所对应的温度作为 T_g。实验证明，T_g 具有速率依赖性，如果测试时冷却或升温速率越快，则所测得的 T_g 越高。这表明玻璃化转变一种松弛过程。由 $\tau=\tau_0 e^{\Delta H/RT}$ 可知，链段的松弛时间与温度成反比，即温度越高，松弛时间越短，在某一温度下，聚合物的体积具有一个平衡值，即平衡体积。当冷却到另一温度时，体积将作相应的收缩（体积松弛），这种收缩显然要通过分子构象的调整来实现，因此需要时间。显然，温度越低，体积收缩速率越小。在高于 T_g 的温度时，体积收缩速率大于冷却速率，在每一温度下，聚合物的体积都可以达到平衡值。当聚合物冷却到某一温度时，体积收缩速率和冷却速率相当。继续冷却，体积收缩速率已跟不上冷却速率，此时试样的体积大于该温度下的平衡体积值。因此，在比容温度曲线上将出现转折，转折点所对应的温度即为这个冷却速率下的 T_g。显然冷却速率越快，要求体积收缩速率也越快（即链段运动的松弛时间越短），因此，测得的 T_g 越高。另一方面，如冷却速率慢到聚合物试样能建立平衡体积时，则比容-温度曲线上不出现转折，即不出现玻璃化转变。

三、仪器与材料

膨胀计、电热套、温度计（0－100℃）、烧杯、秒表。

涤纶树脂颗粒、乙二醇（EG）。

四、实验步骤

1. 洗净膨胀计，烘干；装入 PET 颗粒至膨胀计样品管的 4/5 体积。

2. 在样品管中加入乙二醇作指示液，用玻璃棒搅动，使瓶内无气泡。

3. 用乙二醇将样品管装满，插入毛细管，液柱即沿毛细管上升，磨口接头用橡皮筋固定，用滤纸擦去溢出的液体。如果发现管内有气泡必须重装。

4. 将装好的膨胀计固定在夹具上，让样品管浸入水浴中，毛细管伸出水浴以便读数。

5. 接通电源，控制水浴升温速率为 1℃/min，每升高 5℃读毛细管内液面高度一次，在 55～80℃之间每升高 2℃或 1℃读一次液面高度，直至 90℃为止。

6. 充分冷却膨胀计，再在 2℃/min 的升温条件下，重复读数。

7. 以毛细管液面高度对温度作图，求出不同升温速率下的 T_g。

五、注意事项

1. 选择合适的测量温度范围。

2. 按要求控制升温速度。
3. 所用液体既不能与聚合物发生反应也不能溶胀聚合物。

六、思考题

1. 用自由体积理论解释玻璃化转变过程。
2. 升温速率对 T_g 有何影响？为什么？
3. 玻璃化转变温度是不是热力学转变温度？为什么？

实验二十　聚合物的差热分析及应用

差热分析（Differential Thermal Analysic，DTA）是在程序控温条件下，测量试样与参比的基准物质之间的温度差与环境温度的函数关系的一种技术。DTA 技术由于试样所发生的热效应与仪器上显示记录的曲线图形的面积之比不是常数，致使定量比较困难，为克服这一缺陷，在 DTA 基础上进一步发展了表示扫描量热法（Differential Scanning Calorimetry，DSC），它是在程序控温条件下，测量试样与参比的基准物质之间建立零温差，所需单位时间内补偿的能量差（功率差）随温度变化的一种技术。DSC 在定量分析方面比 DTA 要好，能直接从曲线上峰形面积得到试样的放热量或吸热量。

DTA、DSC 在高分子方面的应用特别广泛。主要用于研究聚合物的相转变，测定结晶温度 T_c、熔点 T_m、结晶度 X_D、等温结晶动力学参数。测定玻璃化转变温度 T_g。研究聚合、固化、交联、氧化、分解等反应，测定反应温度或反应热、反应动力学参数等。

一、实验目的

1. 了解 DTA 和 DSC 分析仪的结构和工作原理；
2. 学会用 DTA 和 DSC 测定实验曲线；
3. 掌握 DTA 和 DSC 测量时影响因素。

二、基本原理

1. 差热分析仪结构及工作原理

差热分析仪中，试样和参比物置于同一加热体系内，热量通过坩埚传给试样和参比物，使其温度升高。测温热电偶插入试样和参比物中，也可放在坩埚外的底部。考虑到升温和测量过程中，样品若有热效应发生（如升华、氧化、聚合、固化、硫化、脱水、结晶、熔融、相变或化学反应），而参比物是无热效应的，这样就必然出现温差。由图 20－1 可见，两个热电偶是同极相连，它们产生的热电势的方向正好相反。当炉温缓慢上升，样品和参比物受热达到稳定态。如果试样与参比物温度相同，$\Delta T=0$，那么它们的热电偶产生的热电势也相同。由于反

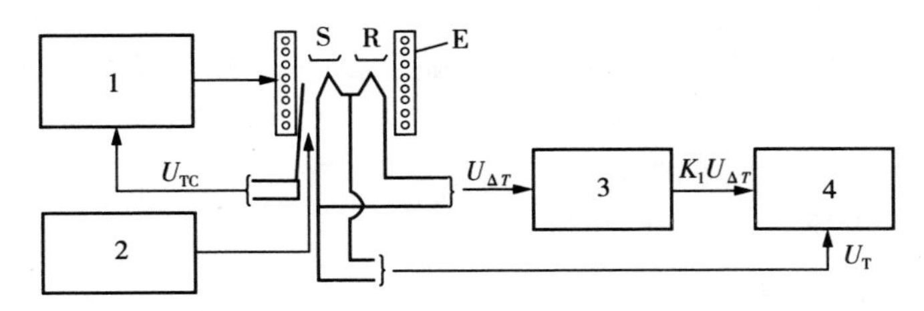

图 20-1　DTA的基本工作原理示意图

S—试样；U_{TC}—由控温热电偶送出的毫伏信号；R—参比物；U_T—由试样下的热电偶送出的毫伏信号；E—电炉；U_T—由差示热电偶送出的微伏信号；1—温度程序控制器；2—气氛控制；3—差热放大器；4—记录仪

向连接，所以产生的热电势大小相等，方向相反，正好抵消，无信号输出，记录仪仅画出一条水平直线。如果样品由于热效应发生，而参比物无热效应，这样$\Delta T \neq 0$，记录仪上记录下ΔT的大小。当样品的热效应（放热或吸热）结束时，$\Delta T = 0$，信号指示也回到零。如图 20-2 所示。

DTA曲线是以温度为横坐标，以试样和参比物的温差ΔT为纵坐标，以显示试样在缓慢加热和冷却时的吸热与放热过程，吸热时呈谷峰，放热时呈高峰，图 20-2 为理想的$\Delta T-t$曲线，ΔT向下为负，表示试样吸热。这是国际热分析协会所规定的表示法。a点以前，由于试样未发生吸热或放热效应，故试样与参比物温度相同，即$\Delta T = 0$，记录仪仅画出一条水平直线，这条直线称作基线，当达到a点时，试样开始熔融，吸收热量，在熔融时，试样温度保持不变，而差热ΔT则随时间反向增大，当到达凸点时，试样全部熔融，到达c点时，试样与参比物温度又相等，即$\Delta T = 0$，差热曲线恢复到基线。

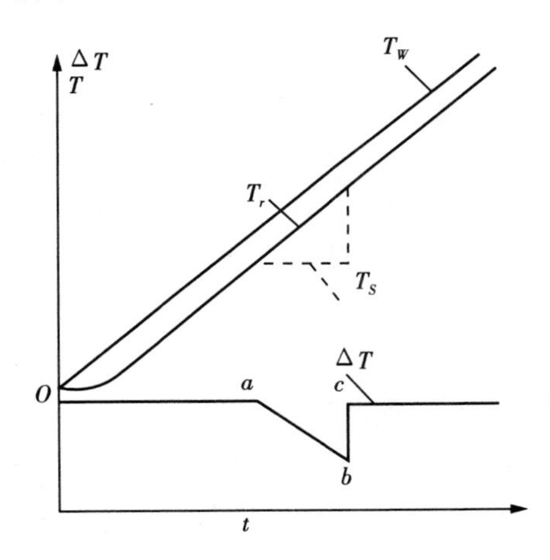

图 20-2　理想的ΔT-t曲线

实际上，试样和参比物的热容量和导热系数不可能相等，两个支架不可能完全一样，在等速升温时，试样和参比物之间存在一定的温差，即ΔT不等于零，升温开始时，总会造成基线偏离，偏离ΔT_a值，如图 20-3，继续等速升温，若试样没有热效应，则DTA曲线又呈水平了，说明试样温度和参比物温度相差恒定的ΔT_a值，再继续升温至a点，试样熔融，吸热，DTA曲线向下偏离，考虑到试样及参比物的热容量和支架的差异，故实际的DTA曲线不像理想曲线中的

ab 斜线和 bc 垂直线那样，而如图 20－3 中的 ab 曲线和 bcd 曲线，到达 d 点结束，但此时试样温度仍低于参比物温度，随后 DTA 曲线又成水平线。

在 DTA 曲线上峰的数目表示物质发生物理、化学变化的次数；峰的位置表示物质发生变化的温度；峰的方向表明体系发生热效应的正负；峰的面积可确定热效应的大小。图中峰 $abcd$ 的面积是和热效应 Q 成正比：

$$Q = k\int_{t_1}^{t_2} \Delta T \mathrm{d}t = KA$$

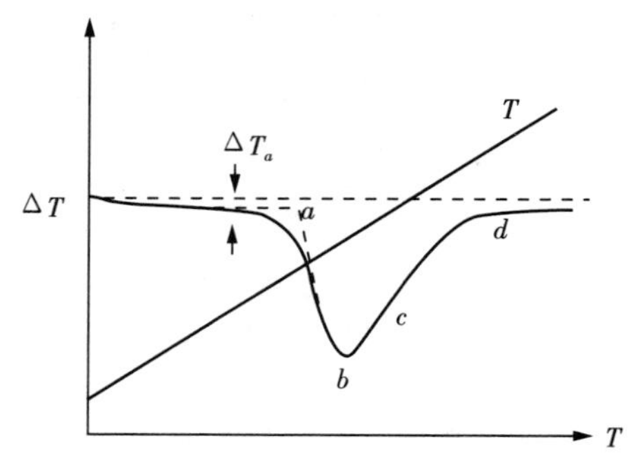

图 20－3　DTA 曲线

比例系数 K 可由标准物质实验确定。但由于 K 随温度、仪器、操作条件而变化，因此 DTA 的定量性能不好。

同时，为了使 DTA 有足够的灵敏度，试样与周围的热交换要小，也就是说热导系数不能太大，这样当试样发生热效应时才会有足够大的 ΔT。但因此热电偶对试样热效应的响应也较慢，热滞后增大，峰的分辨率差，这是 DTA 设计原理上的矛盾。人们为了改正这些缺陷，后来发展了一种新技术——差示扫描量热计（DSC）。

2. 差示扫描量热仪的结构及工作原理

在 1977 年国际热分析学会（ICTA）的命名委员会报告中把 DSC 分为功率补偿式（Power Compen Sation）、热流式（Heat－folw）和热通量式（Heat－flux）三种形式。后两种形式是属于 DAT 原理的，确切地说，它们是使用不同温度下的 DTA 曲线峰面积与试样焓变的校正曲线来定量热量的差热分析方法。这里介绍功率补偿式 DSC。

差示扫描量热法（DSC）和差热分析（DTA）在仪器结构上相似，所不同的是增加了一个功率补偿放大器，在试样和参比物容器下面增加了一组补偿加热丝，见图 20－4。如当试样吸热时，试样温度低于参比物温度，放置于它下面的一组示差热电偶产生温差电势 $U_{\Delta T}$，经差热放大器放大后送入功率补偿放大器，功率补偿放大器自动调节补偿加热丝的电流，使试样一边的电流 I_S 增大，参比物一边的电流 I_R 减小，而（$I_S + I_R$）保持恒定值。直至两边热量平衡，温差 ΔT 消失为止。试样的热量变化由于随时得到补偿，试样与参比物的温度始终相等，避免了参比物与试样之间的热传递。故仪器反应灵敏，分辨率高。

设两边的补偿加热丝的电阻值相同，即 $R_S = R_R = R$，补偿电热丝上的电功率为 $P_S = I_S^2 R$ 和 $P_R = I_R^2 R$。当样品无热效应时，$P_S = P_R$；当样品有热效应时，P_S 和 P_R 之差 ΔP 能反映样品的放（吸）热的功率：

$$\Delta P=P_S-P_R=(I_S^2-I_R^2)R=(I_S+I_R)(I_S-I_R)\cdot R=(I_S+I_R)\Delta U=I\Delta U$$

由于总电流 $I_S+I_R=I$ 为恒定值，所以样品放（吸）热的功率 ΔP 只与 ΔU 成正比。记录 ΔP 随温度 T 的变化就是试样放热速度（吸热速度）随 T 或（t）的变化，这就是 DSC 曲线。在 DSC 曲线中，峰的面积（记为 A）是维持试样与参比物温度相等所需要输入的电能的真实量度。

试样放热或吸热量：

$$Q=k\int_{t_1}^{t_2}\Delta P\mathrm{d}t$$

不过，试样和参比物与补偿加热丝之间总存在热阻，补偿的热量有些漏失，因此热效应的热量应是：

$$Q=KA$$

K 称为仪器常数，可由标准物质实验确定。在差示扫描量热分析中，仪器常数 K 不随温度和操作条件而变，这就是 DSC 比 DTA 定量性能好的原因。

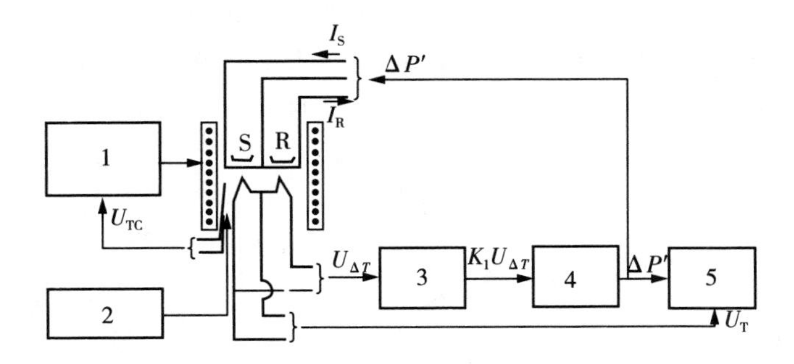

图 20－4　功率补偿式 DSC 示意图

1－温度程序控制器；2－气氛控制；3－差热放大器；4－功率补偿放大器；5－记录仪

3. DTA、DSC 中 T_g、T_c、T_m、结晶度 X_D 的确定

图 20－5 是聚合物 DTA 曲线或 DSC 曲线的模式图。当温度升高到玻璃化转变温度 T_g 时，试样的热容增大，需要吸收更多的热量，使基线发生位移。如果试样能够结晶，并处于过冷的结晶态，那么在 T_g 以上就可以结晶，同时放出大量的结晶热而产生一个放热峰。进一步升温，结晶熔融吸热，出现吸热峰。再进一步升温，试样则可能发生氧化、交联反应而放热，出现放热峰，最后试样则发生分解，吸热，出现吸热峰。当然并不是所有的聚合物试样都存在上述全部物理变化和化学变化。

通常按图 20－6（a）的方法确定 T_g：由玻璃化转变前后的直线部分取切线，再在实验曲线上取一点，使其平分两切线间的距离 Δ，这一点所对应的温度即为

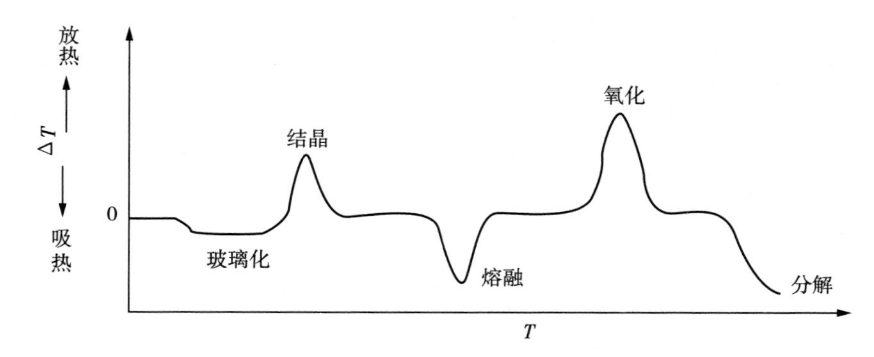

图 20－5　聚合物 DTA 曲线或 DSC 曲线的模式图

T_g。T_m 的确定：对低分子纯物质来说，像苯甲酸，如图 20－6（b）所示，由峰的前部斜率最大处作切线与基线延长线相交，交点称为外延点，所对应的温度取作 T_m。对聚合物来说，如图 20－6（c）所示，由峰的两边斜率最大处引切线，相交点所对应的温度取为 T_m，或取峰顶温度作为 T_m。T_c 通常也是取峰顶温度。峰面积的取法如图 20－6（d）、（e）所示。可用求积或剪纸称重法量出面积。由标准物质校正的仪器，可由测试试样的峰面积求得试样的熔融热 ΔH_f，若百分之百结晶的试样的熔融热 ΔH_f^* 是已知的，则可按下式计算试样的结晶度：

$$X_D=\frac{\Delta H_f}{\Delta H_f^*}\times 100\%$$

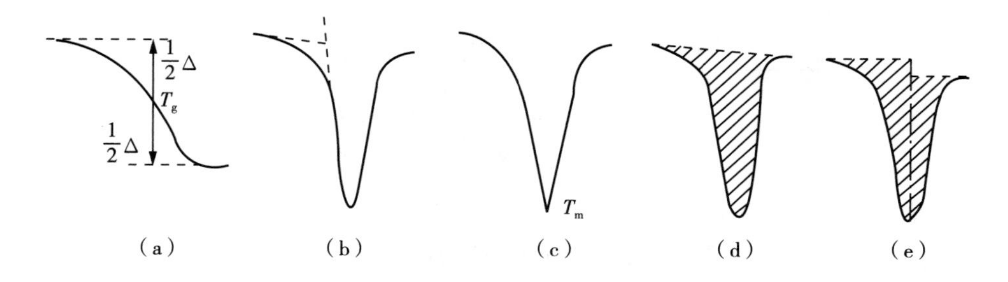

图 20－6　T_g、T_m 及峰面积确定示意图

4. 影响实验结果的因素

DTA、DSC 的原理和操作都比较简单，但要取得精确的结果却很不容易，因为影响的因素太多了，这些因素有仪器因素、试样因素、气氛、加热速度等。这些因素都可能影响峰的形状、位置，甚至出峰的数目。一般说，上述因素对受扩散控制的氧化、分解反应的影响较大，而对相转变的影响较小。在进行实验时，一旦仪器已经选定，仪器因素也就基本固定了，所以下面仅对试样等因素略

加叙述。

参比物的选择：只有当参比物与试样的导热系数相近时，基线偏离小。因此参比物多选择在测量温度范围内本身不发生任何热效应的稳定物质，如 $\alpha-Al_2O_3$、石英粉、硅油及 MgO 粉末等。在试样与参比物的热容相差较大时，亦可用参比物稀释试样来加以改善。试样的量和参比物的量也要匹配，以免两者热容相差太大引起基线漂移。

试样因素：试样量对热效应的大小和峰的形状有着显著的影响。一般而言，试样量增加，峰面积增加，并使基线偏离零线的程度增大。同时，试样量增加，将使试样内的温度梯度增大，并相应地使变化过程所需的时间延长，从而影响峰在温度轴上的位置。如果试样量小，差热曲线出峰明显，分辨率高，基线漂移也小，不过对仪器的灵敏度要求也高。在仪器灵敏度许可的情况下，试样量应尽可能少。在测 T_g 时，热容变化小，试样的量要适当多一些。试样的粒度对那些表面反应或受扩散控制的反应影响较大，粒度小，使峰移向低温方向。试样的装填方式也很重要，因为这影响到试样的传热情况，装填得是否紧密又和粒度有关。在测试聚合物的玻璃化转变和相转变时，最好采用薄膜或细粉状试样，并使试样铺满盛器底部，加盖压紧，试样盛器底部应尽可能地平整，保证和试样托架之间的良好接触。

气氛影响：炉内气氛是动态或静态，是活性或惰性，是常压或高压、真空等都会影响峰的形状和反应机理，视实验要求而定。对于聚合物的玻璃化转变和相转变测定，气氛影响不大，但一般都采用氮气，流量 $30mL \cdot min^{-1}$左右。

升温速度：升温速度对 T_g 测定影响较大，因为玻璃化转变是一松弛过程，升温速度太慢，转变不明显，甚至观察不到；升温快，转变明显，但 T_g 移向高温。升温速度对 T_m 影响不大，但有些聚合物在升温过程中会发生重组、晶体完善化，使 T_m 和结晶度都提高。升温速度对峰的形状也有影响，升温速度慢，峰尖锐，因而分辨率也好。而升温速度快，基线漂移大。一般采用 $10℃ \cdot min^{-1}$。

在进行实验时，应尽可能做到实验条件的一致，才能得到重复性好的结果。

三、仪器与材料

CDR－4P 型差动热分析仪（上海精密科学仪器有限公司）。

聚乙烯、聚对苯二甲酸乙二醇酯、$\alpha-Al_2O_3$。

四、实验步骤

1. 准备工作

（1）摇动手柄将电炉的炉体升到距最高位置约 0.5～1mm 处（注意接近顶端时速度要慢），试着轻轻将炉体顺时针转出，至样品杆恰好全部露出时止，不要推过。取空铝制坩埚，分别装入 $\alpha - Al_2O_3$ 和样品约 10mg，称量后将它们平放在各自的托架上（样品在左，参比物在右）。慢慢将炉体转回原位，摇动手柄使炉体慢慢下降，并随时从反光板中观察样品杆屏蔽罩进入炉体时，是否处于炉腔中心。当感到摇动有阻力时止。开启冷却水，并使水流畅通。

（2）仪器控制面板的设置：将“差动”“差热”开关置于“差动”位置。微伏放大器量程开关置 $\pm100\mu V$ 处（注意：不论热量补偿的量程选择在哪一档，微伏放大器的量程都应放在 $\pm100\mu V$ 档）。将“准备”“工作”开关置于“准备”位置。本实验将热量补偿放大器单元的量程开关放在适当的位置。斜率、调零、移位旋钮本机已经调整，勿动！打开各单元电源，预热 30 分钟。

2. 开启计算机，计算机电源需后开先关，即在其他部件电源打开后再打开计算机系统的电源，在计算机电源关闭后再关闭其他单元电源，以免电源冲击损坏计算机。打印机电源可在需要时打开。不可在驱动器处于工作状态时取放软磁盘。

3. 计算机温控的程序及采样程序的设定

（1）打开桌面上的温控程序，通信接口点击 COM1，根据样品需要设定升温程序，注意终止温度必须比采样的结束温度高 50℃或 100℃，升温速率设定为 $10℃ \cdot min^{-1}$。

如在时间格中的时间在升温段不需要输入，程序自动给出，时间格中如输入 -121 代码，即可结束升温程序。“确认”后，点击“完成”，在是否有温控程序间中点击“是”，这时提示“通讯完成”。点击“数据采集”，点击“采样”点击“最小化”。

（2）打开桌面上的采样程序，根据检测样品设置各参数（应和控制面板的设置相一致），点击“确定”。

4. 启动电炉的绿色开关，将“准备”“工作”开关置于“工作”，点击温控程序“run”使工况为“run”，开始采样。采样结束后点击“存盘返回”，给文件命名、保存曲线。

5. 将炉体升起，使其温度降至室温，可进行下一个样品的测试。

6. 测试完毕，依次关闭打印机、计算机、控制器单元、冷却水。

7. 数据处理

1）由聚乙烯试样的 DSC 图测定确定其熔融温度。

2）由聚对苯二甲酸乙二酯的 DSC 曲线确定其玻璃化温度、结晶温度及熔融温度。

五、注意事项

1. 实验前，仪器的温度准确性应该用标准物质来校正（通常为金属铟）。

2. 若试样含水量太大，实验前需干燥处理。

3. 若要进行横向比较，需消除热历史对测定值的影响。另外加热速度及颗粒大小要适中。

六、思考题

1. 差热分析（DTA）与差动热分析（DSC）有什么不同？

2. 由 DTA 曲线可知，基线并非 $\Delta T=0$ 线，试分析其原因？

3. 影响 DSC 实验结果的因素有哪些？

实验二十一　聚合物的形变-温度曲线

聚合物由于复杂的结构形态导致了分子运动单元的多重性。即使结构已经确定而所处的状态不同、其分子运动方式不同，将显示不同的物理和力学性能，如温度对聚合物物理力学性能的影响是每一个聚合物材料制造者和使用者都十分熟知的现象。像作用时间一样，温度 T 是影响聚合物物理力学性能的重要参数。随着温度从低到高，聚合物的许多性能，诸如热力学性质、动力学性质、力学性能和电磁性能都将发生很大的变化。在玻璃态向高弹态的转变温度区域（玻璃化转变温度 T_g）甚至会发生突变。事实上，聚合物的三种力学状态——玻璃态、橡胶态和粘流态，就是依据温度（或外力作用时间）不同而呈现的。特别是聚合物性能的温度敏感区正好在室温上下几十度范围内。我国地域辽阔，各地气温相差颇大，就是在某一地方，冬季－10～20℃的室外气温和 90℃以上的烫水都是日常生活中容易遇到的温度范围。因此，了解聚合物性能的温度依赖性对实际使用也是极为重要的。

一、实验目的

1. 了解非晶态聚合物的三个力学状态和两个转变；

2. 掌握聚合物形变-温度曲线的测定方法；

3. 测定线型非晶态聚合物的玻璃化转变温度 T_g、粘流温度 T_f 以及结晶聚合物的熔融温度 T_m。

4. 了解分子量、结晶、交联等结构因素对形变-温度曲线的影响规律。

二、实验原理

1. 聚合物三种不同的力学状态、两个转变与形变-温度曲线

当线形非晶态聚合物受到一定的载荷（外力）作用时，受载聚合物的形变与温度的关系就是聚合物的形变-温度曲线。以试样的形变对温度作图，可得到非晶态聚合物典型的形变-温度曲线，如图 21－1 所示。整个曲线可以分成五个区，即三种不同的力学状态和二个转变。分别介绍如下：

1）玻璃态（the glassy region）。在温度足够低的 A 区，聚合物分子链及其

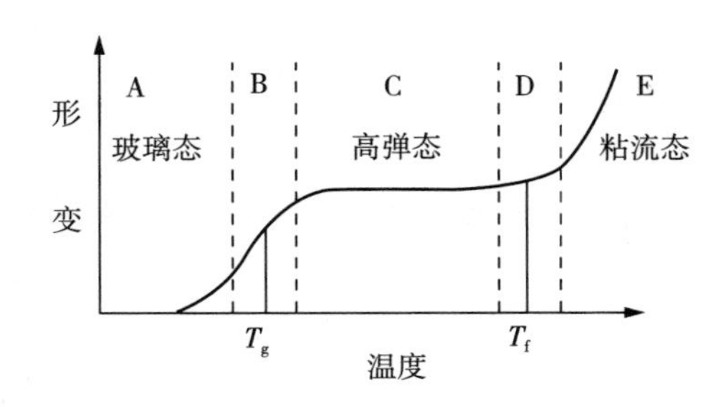

图 21－1　非晶态聚合物典型的形变-温度曲线

链段的运动均被冻结在完全解取向的准晶格位置上。它们只能在其固定的位置附近做振动，就像真正分子晶格的分子所做的振动一样。链段从一个位置到另一个位置的扩散运动是很少的，只有键长的伸缩和键角的改变。在力学性能上聚合物表现得像玻璃一样硬而脆，模量为 $10^{9}\sim10^{9.5}\,N/m^{2}$，且这个玻璃态区域与聚合物的链长无关（只要聚合物的链足够长），聚合物处于玻璃态，表现出塑料在常温下所具有的物理力学性能。一旦加上外力，相应的形变马上就发生，外力除去后，形变马上回复，这是一般固体共有的性质，一般称为普弹形变。

2）高弹态。温度升高到一定值后（C 区），聚合物链段的短程扩散运动非常迅速，但高分子链之间的缠结起着瞬时交联的作用，分子链的整体运动（包括许多链的联合运动）仍是受阻的。聚合物的力学状态就像交联橡胶一样，具有长程的可逆行为，其模量几乎不随温度改变而改变，保持在 $10^{5.4}\sim10^{5.7}\,N/m^{2}$。这一般称之为高弹态平台。并且聚合物在玻璃化转变和高弹态平台时都只是它们的链段参加运动，因此玻璃化转变区域和高弹态的出现也是与聚合物分子的链长无关的。但是高弹态平台的大小是与链长的分子量有关的（实际上，链长是比分子量更为重要的量，因为从研究一个聚合物转换到研究另一个聚合物时，它更有意义）。由于热运动量的增加，虽然整个分子链还不能移动（整链的质量中心没有移动），但链段已经能发生运动，聚合物处于高弹态，表现出类橡胶的物理机械性能。加上外力，除了键长和键角变形外，大分子的链段发生相对位移，尽管整个大分子链的质量中心并没有发生运动。大分子链会通过 C—C 单键的内旋转（链段运动）被拉长，构象熵减小。除去外力，除了普弹性马上回复外，因链段运动而引起的大形变也会由于熵的作用而完全回复。这就是所谓的橡胶弹性或高弹性。

3）玻璃态和橡胶态之间的 B 区，就是从玻璃态到橡胶态的过渡区，即玻璃化转变区，尽管大分子链的整体运动仍属不可能，但其链段已开始有短程的扩散运动。从一个“晶格位置”扩散到另一个的时间在 10s 数量级（10s 为任意选择的参考时间），聚合物分子链段的这种扩散不依赖于分子量。在这个从玻璃态开始向高弹态转变的区域，模量变化迅速，从 $10^{9.5}$ N/m² 变为 $10^{5.4}$ N/m²，达 4 个数量级。形变呈现明显的松弛性质，由此确定的玻璃化转变温度或玻璃化温度 T_g 在高分子科学中非常重要。

4）温度继续升高，高分子链间的缠结开始被更激烈的热运动所解除，分子间的整体运动已变得重要起来。尽管聚合物还是弹性的，但已有明显的流动。聚合物开始从高弹态向粘流态转变。这时模量在 $10^{5.4}$～$10^{4.5}$ N/m²之间。最后当温度更高时，分子链已能整体发生运动，聚合物呈现出明显的流动性，模量降低到 $10^{4.5}$ N/m²。显然，在此流动转变和粘流态中，分子链整体参加了运动，高弹态平台延展的区域与聚合物分子的链长有明显的依赖关系。整个大分子链的质量中心能够发生移动，聚合物能像黏性液体一样发生黏性流动，呈现出随时间不断增大的形变，聚合物变为粘流态（E 区），去除外力；形变不再回复，表现出粘流液体的性质。

5）从橡胶态 C 到粘流态 E 的是流动转变区 D，由此可以定出聚合物的粘流温度 T_f。这就是线形非晶态聚合物的三个力学状态和两个转变。

聚合物力学性能的温度依赖性也为我们探究聚合物各种力学性能的分子机理提供大量资料，使我们有可能把纯现象的讨论提高到分子解释的水准上去。因为聚合物的力学性能是它的各种分子运动在宏观上的表现，而温度对分子运动的影响是不言而喻的。这样，通过温度对聚合物力学性能影响的研究，可了解聚合物力学性能的分子本质，并以这些实验事实来建立聚合物力学性能的分子理论。

2. 聚合物形变-温度曲线的应用

聚合物的形变-温度曲线不但可以用来了解聚合物的三个力学状态和确定 T_g 和 T_f，还可以用来定性判定聚合物的分子量大小、聚合物中增塑剂的含量、交联和线形聚合物、晶态和非晶态乃至聚合物在高温下可能的热分解、热交联等，分述如下：

1）不同分子量的聚合物

不同分子量的线形非晶态聚合物的形变-温度曲线有不同的性状。图 21-2 是不同分子量聚苯乙烯的形变温度曲线（示意图）。当分子量较低时，整个大分子链就是一个链段，链段运动就是整个大分子链的运动，玻璃化温度 T_g 就是它的流动温度 T_f。这样低分子量的聚苯乙烯（低聚物）不存在橡胶态，但其流动温度随分子量的增大而升高（曲线 1～5）。以后随分子量进一步增大，一根分子链已可分成许多链段，在整链运动还不可能发生时，链段运动就已被激发，呈现出了橡胶态，从而有了玻璃化温度 T_g，并且由于是链段运动，反映它的 T_g 就不再随分子量的增大而增高。这时反映整链质心运动的流动温度 T_f 将随分子量的增大而增高。因此橡胶态平台区将随分子量的增大而变宽。

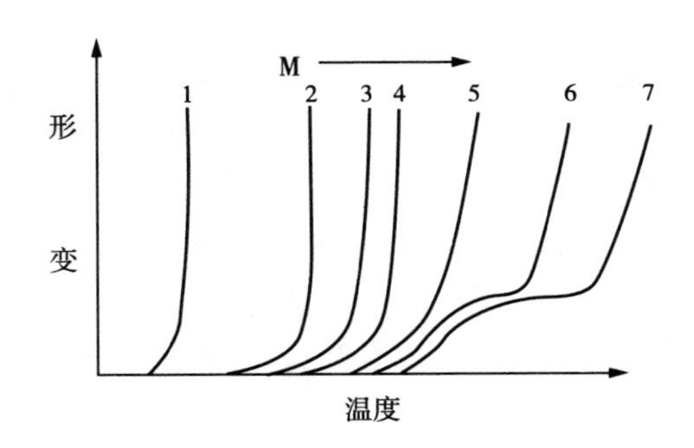

图 21－2　不同分子量聚苯乙烯的形变温度曲线（示意图）

2）晶态和非晶态聚合物

由于不可能100％结晶，晶态聚合物的形变-温度曲线可以分成两种情况。一种是一般分子量的晶态聚合物的形变-温度曲线（图 21－3 中曲线 1）。

在低温时，晶态聚合物受晶格能的限制，高分子链段不能活动（即使温度高于 T_g）；所以形变很小。一直维持到熔点 T_m，这时由于热运动克服了晶格能，高分子突然活动起来，便进入了粘流态，所以 T_m 又是黏性流动温度，如曲线 1。如果聚合物的分子量很大，如曲线 2，温度到达 T_m 时，还不能使整个分子发生链段运动，于是进入高弹态，等到温度升至 T_f时才进入粘流态。由此可知，一般晶态聚合物只有两个态，在 T_m 以下处于晶态，这时与非晶态聚合物的玻璃态相似，可以作塑料或纤维用；到温度高于 T_m 时，聚合物处于粘流态，便可以加工成型。而分子量很大的晶态聚合物则不同，它在温度到达 T_m 时进入高弹态，到 T_f才进入粘流态。因此这种晶态聚合物有三个态温度：在 T_m 以下为晶态，温度在 T_m 与 T_f之间时为高弹态，温度在 T_f以上为粘流态，这时才好加工成型。因为高弹态一般不便于成型。而温度高了又容易分解，使成型产品的质量降低，所以晶态聚合物的分子量不宜太高。

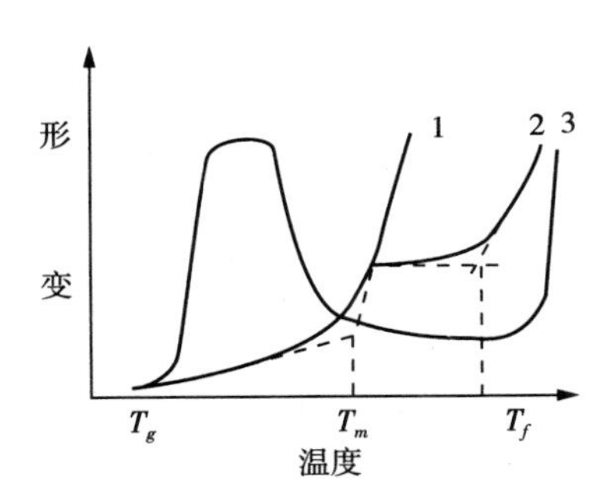

图 21－3　晶态聚合物的形变-温度曲线

1—一般分子量的晶态聚合物的形变-温度曲线；

2—分子量很大晶态聚合物的形变-温度曲线

结晶性聚合物由熔融状态下突然冷却（淬火），能生成非晶态结晶性聚合物（玻璃态）。在这种状态下的聚合物的形变-温度曲线如图 21－3 中的曲线 3。在温度达到 T_g 时，分子链段便活动起来，形变突然变大，同时链段排入晶格成为晶态聚合物。于是在 T_m 与 T_g 间，曲线出现一个峰后又降低，一直到 T_m，如果分子量不太大，就与图 3 中的曲线 1 后部一样，进入粘流态。如果分子量很大，就与图 21－3 中的曲线 2 后部一样；先进入高弹态，最后才进入粘流态。

3）交联和线形聚合物

线形聚合物的形变-温度曲线已如上述。由于大分子链之间有化学键相连，交联聚合物的流动已不能发生，因此交联聚合物就没有粘流态，也就没有流动转变温度 T_f。反映在形变-温度曲线上就是高弹态的平台线一直延伸下去而不向上翘（图 21－4）。不同交联度的聚合物由于其高弹形变大小不一，交联度增加形变就逐渐减小。因此，通过形变-温度曲线的形状就能区分所测聚合物是线形聚合物还是交联聚合物，以及聚合物交联度的高低。

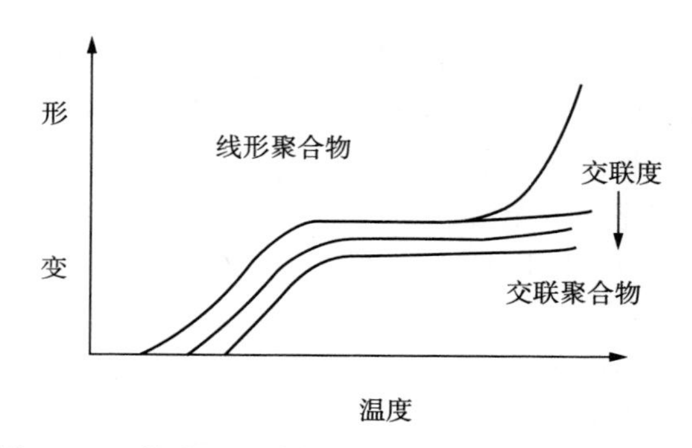

图 21－4　线形和不同交联度的聚合物形变-温度曲线

4）增塑聚合物

从实用角度，为使聚合物更适用于不同需求的使用要求，往往在聚合物中添加不同含量的增塑剂，以改变它们的玻璃化温度。由于聚合物中添加了增塑剂，其玻璃化温度会有不同程度的降低，从而在它的形变-温度曲线上反映出来，如图 21－5 所示。随增塑剂含量的增加，聚合物的玻璃化温度和流动温度都降低，它的形变-温度曲线向左移动。

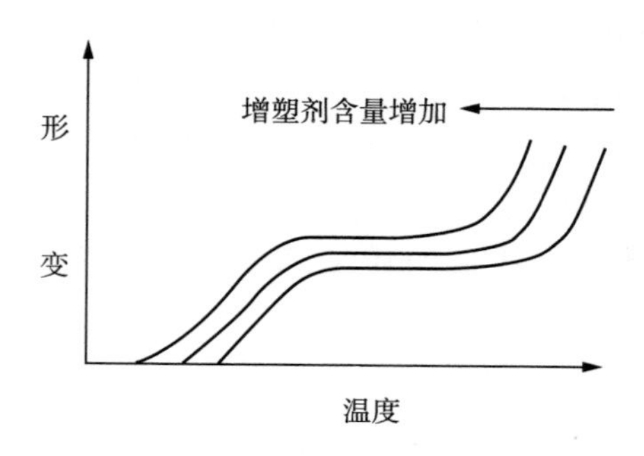

图 21－5　聚合物中添加不同含量的增塑剂形变-温度曲线

需要指出的是，变形不是特征的量，它与试样的尺寸有关。试样尺寸大的，尽管相对变形不一定很大，但其绝对变形可能会很大；试样尺寸小的，绝对变形可能不大，而相对变形已相当大。因此，在要求更定量的关系时，就改用材料的特征模量温度曲线。

三、仪器与材料

RJY-1P 型热机械检测仪（上海精密科学仪器有限公司）。

聚乙烯，聚甲基丙烯酸甲酯样品。试样要求两面平行、表面光滑、无裂纹、无气泡，高度小于 7mm。

四、实验步骤

1. 检查各电缆信号线、通气管路是否连接正确。打开各控制单元的电源开关，预热 30 分钟。

2. 仪器控制单元的设置

机械检测单元：（1）将检测开关放在出 2 或其他各档上，不要放在差付 1 档和差付 2 档上。（2）将测试量程开关放在±2500 微米档，将微分量程开关放在 10 档，滤波开关放在中滤波档，使计算机屏幕显示在中间，开机 15 分钟后，根据样品变形大小，将 μm 量程开关逐级放在±1000、±500、±250、±100、±50、±25、±10 微米档。

3. 样品的安装：检查并清洁样品架，保证其无样品的残留物后，将炉口用纸片挡住，小心将样品放在样品架上。选择适当的载荷（砝码），将石英探头压在样片上，均匀用力将炉体托起。开启冷却水，并使水流畅通。

4. 开启计算机，打开桌面上的温控程序，通讯接口点击 COM2，根据需要设定升温程序，注意终止温度必须比采样的结束温度高 50℃或 100℃。如在升温段的时间格中如输入－121 代码，即可结束升温程序。“确认”后，点击“完成”，在是否有温控程序问中点击“是”，这时提示“通讯完成”。点击“数据采集”，点击“采样”点击“最小化”。

5. 打开桌面上的采样程序，根据检测样品设置各参数（应和控制面板的设置相一致），调整零调旋钮使 DPM 显示值的绝对值≤5，并点击“调零结束”，检查无误后，按“确定”。启动电炉的绿色开关，点击温控程序“run”使工况为“run”。进行数据采集。采样结束后点击“存盘返回”，保存结果。

6. 当温度降至室温，可进行下一个样品的测试。

7. 测试完毕，以此关闭打印机、计算机、控制器单元、冷却水。

8. 数据处理由聚乙烯试样及聚甲基丙烯酸甲酯样品的温度-形变曲线分别确

定给出相关聚合物的玻璃化转变温度 T_g、粘流温度 T_f 以及结晶聚合物的熔融温度 T_m。

五、注意事项

1. 拆卸装置，小心操作以免烫伤。

2. 实验完毕，趁热取出试样，并及时清理试样台和压杆触头。温度降到太低，试样变硬难以取出时，需再次加热。

六、思考题

1. 线形非晶态聚合物的温度-形变曲线与分子运动有什么联系？
2. 影响聚合物温度-形变曲线的因素有哪些？
3. 研究聚合物温度-形变有什么实际意义？

实验二十二　溶胀平衡法测定交联聚合物的交联度

一、实验目的

1. 了解溶胀平衡法测定聚合物交联度的基本原理；
2. 掌握容量法和质量法测定交联聚合物溶胀度的实验技术。

二、实验原理

线形聚合物经适度交联后其力学强度、弹性、尺寸稳定性、耐溶剂性等会有所改善。故交联是聚合物改性的重要方法之一，交联度用来表征高分子链交联程度的大小。交联度通常用单位体积的网链数、交联点密度、交联点数目或网链分子量。

交联聚合物在溶剂中不能溶解，但是能发生一定程度的溶胀，溶胀度取决于聚合物的交联度。故本实验采用溶胀平衡法测定交联聚合物的溶胀度。当交联聚合物与溶剂接触时，由于交联点之间的分子链段仍然较长，具有相当的柔性，溶剂分子容易渗入聚合物内，引起三维分子网的伸展，使其体积膨胀，但是交联点之间分子链的伸展却引起了它的构象熵的降低，进而分子网将同时产生弹性收缩力，使分子网收缩，因而将阻止溶剂分子进入分子网。当这两种相反的作用相互抵销时，体系就达到了溶胀平衡状态，溶胀体的体积不再变化。随着聚合物交联度的增加，链段长度减小，分子网络的柔性减小，聚合物的溶胀度相应减小，实验误差也就相应增加。而当高度交联的聚合物与溶剂接触时，由于交联点之间的分子链段很短，不再具有柔性，溶剂分子很难钻入这种刚硬的分子网络中，因此高度交联的聚合物在溶剂中甚至不能发生溶胀。相反，如果交联度太低，分子网中存在的自由末端对溶胀没有贡献，与理论偏差较大，而且交联度太低的聚合物包含有可以溶于溶剂的部分，在溶剂中溶胀后形成强度很低的溶胶，给测定带来很多不便，也会引起较大的实验误差。因此溶胀平衡法只适合于测定中度交联聚合物的交联度。

在溶胀过程中，溶胀体内的自由能变化 ΔG 应为：

$$\Delta G=\Delta G_M+\Delta G_{el}<0 \qquad (22-1)$$

其中，ΔG_M 为高分子一溶剂的混合自由能，ΔG_{et} 为分子网的弹性自由能。当达到溶胀平衡时：

$$\Delta G = \Delta G_M + \Delta G_{et} = 0 \tag{22-2}$$

交联聚合物的溶胀体又称凝胶，它实际是聚合物的浓溶液，因此形成溶胀体的条件与线形聚合物形成溶液的条件相同。根据高分子溶液的似晶格模型理论，高分子溶液的稀释自由能可以表示为：

$$\Delta\mu_{1,M} = RT\left[\ln\varphi_1 + \left(1-\frac{1}{x}\right)\varphi_2 + \chi_1\varphi_2^2\right] \tag{22-3}$$

式（22－3）中，φ_1、φ_2 分别表示溶剂和聚合物在溶胀体中所占的体积分数，χ_1 为高分子-溶剂分子相互作用参数，T 是温度，R 为理想气体常数，x 是聚合物的聚合度。对于交联聚合物，$x\to\infty$，因此式（22－3）化简为：

$$\Delta\mu_{1,M} = RT\left(\ln\varphi_1 + \varphi_2 + \chi_1\varphi_2^2\right) \tag{22-4}$$

交联聚合物的溶胀过程类似于橡皮的形变过程，因此可直接引用交联橡胶的储能函数公式，即：

$$\Delta G_{el} = \frac{1}{2}NkT\left(\lambda_1^2+\lambda_2^2+\lambda_3^2-3\right) = \frac{\rho_2 RT}{2\overline{M}_c\left(\lambda_1^2+\lambda_2^2+\lambda_3^2\right)} \tag{22-5}$$

式（22－5）中，N 表示单位体积内交联链的数目，k 是波耳兹曼常数，ρ_2 为聚合物的密度，$\overline{M}_c$ 为两交联点之间分子链的平均分子量，λ_1、λ_2、λ_3 分别表示聚合物溶胀后在三个方向上的尺寸（设试样溶胀前是一个单位立方体）。假定该过程是各向同性的自由溶胀，则设：$\lambda_1=\lambda_2=\lambda_3=\lambda$，并有

$$\lambda^3 = \frac{V_0 + n_1 V_{m,1}}{V_0} = \frac{1}{\varphi_2} \tag{22-6}$$

式（22－6）中，V_0 是分子网体积，令为 1。$V_{m,1}$ 为溶剂的摩尔体积。n_1 为聚合物所吸收的溶剂的量，则弹性自由能

$$\Delta G_{el} = \frac{3\rho_2 RT}{2\overline{M}_c}\left(\lambda^2-1\right) \tag{22-7}$$

偏微摩尔弹性自由能为：

$$\Delta\mu_{1,et} = \frac{\partial\Delta G_{el}}{\partial n_1} = \frac{\partial\Delta G_{el}}{\partial\lambda}\times\frac{\partial\lambda}{\partial n_1} = \frac{\rho_2 RTV_{m,1}}{\overline{M}_c}\varphi_2^{1/3} \tag{22-8}$$

当达到溶胀平衡时：

$$\Delta\mu_1 = \Delta\mu_{1,M} + \Delta\mu_{1,et} = 0 \tag{22-9}$$

将式（22-4）和式（22-8）代入式（22-9），结果得：

$$\ln\varphi_1+\varphi_2+\chi_1\varphi_2^2+\frac{\rho_2 V_{m,1}}{\overline{M}_c}\varphi_2^{1/3}=0 \tag{22-10}$$

设橡皮试样溶胀后与溶胀前的体积比，即橡胶的溶胀度为 Q，显然，

$$Q=\lambda^3=\frac{1}{\varphi_2} \tag{22-11}$$

当聚合物交联度不高，即 $\overline{M}_c$ 较大时，在良溶剂中，Q 值可超过 10，此时 φ_2 较小。因此可将 $\ln\varphi_1=\ln(1-\varphi_2)$ 近似展开并略去高次项，代入式（22-10），结果得：

$$\overline{M}_c=\frac{\rho_2\varphi_1 Q^{5/3}}{\frac{1}{2}-\chi_1} \tag{22-12}$$

所以，在已知 ρ_2、χ_1 和 φ_1 的条件下，只要测出样品的溶胀度 Q，利用式（22-12）就可以求得交联聚合物在两交联点之间的平均分子量 $\overline{M}_c$。显然，$\overline{M}_c$ 的大小表明了聚合物交联度的高低。$\overline{M}_c$ 越大，交联点间分子链越长，表明聚合物的交联程度越低；反之，$\overline{M}_c$ 越小，交联点间分子链越短，交联程度就越高。

可采用两种方法测定溶胀度。一种是容量法，即跟踪溶胀过程，用溶胀计直接溶胀样品的体积，隔一段时间测定一次，直至所测的样品体积不再增加，表明溶胀已达到平衡；另一种方法是质量法，即跟踪溶胀过程，对溶胀体称重，直至溶胀体两次质量之差不超过 0.01g，此时可认为体系已达溶胀平衡。溶胀度按式 22-13 计算：

$$Q=\frac{\left(\frac{w_1}{\rho_1}+\frac{w_2}{\rho_2}\right)}{\frac{w_2}{\rho_2}} \tag{22-13}$$

式（22-13）中，w_1 和 w_2 分别为溶胀体中溶剂和聚合物的质量，ρ_1 和 ρ_2 分别为溶剂的密度和聚合物在溶胀前的密度。

三、仪器与材料

溶胀计一个、恒温装置一套、大试管（带塞）两个、烧杯一个（50mL）、镊子一把；不同交联点的天然橡胶样品、苯。

四、实验步骤

（一）体积法

1. 溶胀计内液体的选择溶胀计如图 22-1 所示，较粗的、垂直的管为主管，

下方的支管为毛细管。测定时所用液体一般选用与待测样品不会发生化学及物理作用（如化学反应、溶解等），并要求经济易得，挥发性小，毒性小。本实验采用蒸馏水，为了减少液体表面张力，更好地使待测固体样品表面湿润，可在管中再加入几滴酒精。

2. 溶胀计体积换算因子的测量

为了确定主管内体积的增加与毛细管内液面移动距离的对应值 A，可以用已知密度的金属镍小球若干个，称量并求出其体积 V（mL），然后放入膨胀计中读取毛细管内液面移动距离 L（mm）。这样便求得体积换算因子 $A=V/L$（mL/mm）。

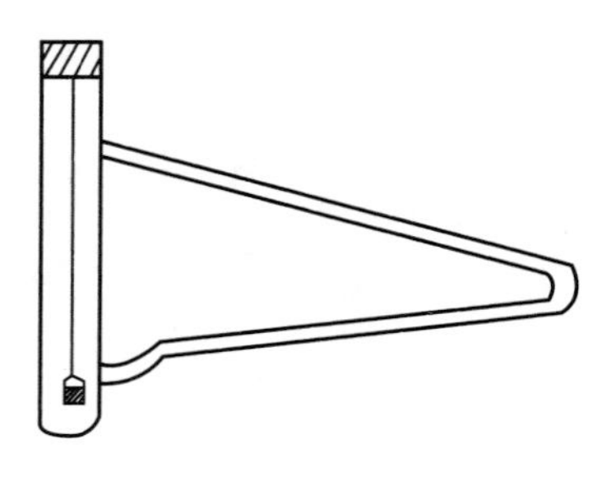

图 22-1　溶胀计示意图

3. 溶胀前天然橡胶样品体积的测定

将待测样品放入金属小篓内，赶尽毛细管内气泡，放入溶胀管，读取毛细管内液面移动的距离（即此时毛细管液面读数与未放入样品前毛细管液面读数之差），再乘以 A 值所得的乘积即为主管内体积增量，也就是样品的体积。

将已测出体积的样品放入大试管内（试管较粗，确保能方便地取出溶胀后的样品），倒入溶剂苯（溶剂量约至试管三分之一处）。将装有样品及溶剂的试管用塞子塞紧并置于恒温槽内，在恒温（25℃）下溶胀。

4. 溶胀后样品体积的测定

先用滤纸轻轻将溶胀样品表面附着的多余溶剂吸干，然后用同样的方法测出溶胀样品的体积。溶胀前样品体积为 V_1，溶胀后测得其体积为 V_2，则 ΔV（$\Delta V=V_1+V_2$）为试样体积的增量，也即样品所吸入溶剂的体积。这样每隔一定时间测定一次样品体积，一般开始间隔短些（可以两小时一次），后来可适当长些（一般以半天为宜），直至样品体积不再增加，达到溶胀平衡为止。

5. 计算聚合物在溶胀体中的体积分数 φ_2 和溶胀度 Q 值，根据式（22-12）计算出聚合物中两交联点之间分子链的平均分子量 $\overline{M}_c$。已知：天然橡胶-苯体系在 25℃时，$\varphi_1=89.4\text{cm}^3/\text{mol}$，高分子-溶剂相互作用参数 $\chi_1=0.437$，聚合物密度 $\rho_2=0.9734\text{g/cm}^3$。

（二）质量法

1. 溶胀前天然橡胶样品质量的测定

在分析天平上先将空称量瓶称重，然后往称量瓶中放入一块天然橡胶样品，再称重，求出样品的质量。将称重后的样品放入大试管内，加入苯（溶剂量约至试管三分之一处），盖紧试管塞，然后将试管放入恒温水槽中溶胀。

2. 溶胀后样品质量的测定

以后每隔一段时间测定一次样品质量，每次都要轻轻地取出溶胀体，迅速用滤纸吸干样品表面附着的溶剂，立即放入称量瓶中，盖紧瓶塞后称重，然后再放回溶胀管中继续溶胀。直至两次称出的质量之差不超过 0.01g，即认为溶胀过程达到平衡。

3. 根据式（22－13）计算聚合物的溶胀度 Q 值，再代入式（22－12）计算出聚合物中两交联点之间分子链的平均分子量 $\overline{M}_c$。已知：天然橡胶-苯体系在 25℃时，$\varphi_1=89.4\text{cm}^3/\text{mol}$，高分子-溶剂相互作用参数 $\chi_1=0.437$，聚合物密度 $\rho_2=0.9734\text{g/cm}^3$。

五、注意事项

1. 溶胀过程要保证恒温和恒温的精度。
2. 样品溶胀后测量前溶剂尽量小心吸干。

六、思考题

1. 溶胀法测定交联聚合物的交联度有什么优点和局限性？
2. 样品交联度过高或过低对结果有何影响？为什么？
3. 从高分子结构和分子运动角度讨论线形聚合物、交联聚合物在溶剂中的溶胀情况有何区别？

实验二十三　扭辫分析法测定聚合物的动态力学性能

聚合物黏弹性的力学试验方法很多，其中较为重要的有蠕变、应力松弛、应力——应变及动态力学性能试验，前三种方法是很经典的方法。聚合物动态力学性能是测定聚合物对周期性外力或变化的力的响应（即应变），这方面的仪器很多，按施加力的形式、频率，总结起来有四种类型：

1. 自由衰减振动（扭摆、扭辫），0.1～10Hz。
2. 强迫振动共振（振簧法），50～50000Hz。
3. 强迫振动非共振（粘弹谱仪），10^{-3}～10^{2}Hz。
4. 声波传播法，10^{5}～10^{7}Hz。

它们分别适用于不同的频率范围，各有优点和局限性。自由衰减振动法是一种比较简单而常用的方法。聚合物的动态力学性能是分子运动的一种反应，它可以把微观结构和宏观性能联系起来，提供聚合物玻璃化转变、多重相变、结晶性、交联度、相分离、聚集态等结构与性能多方面的信息，无论从应用还是基础理论的研究都是非常重要的。

一、实验目的

1. 了解动态力学扭辫分析的基本原理；
2. 掌握扭辫分析仪的实验操作和数据处理技术。

二、实验原理

聚合物的动态力学性能是指聚合物在周期性的或变化着的应力作用下所产生的反应形变的特性。在周期性应力作用下，聚合物分子链各种运动单元的热运动沿着力的方向发生选择取向而运动，这样就需要克服内部的阻力而消耗能量，这些能量转化为热能，称热损耗或内耗。同时，由于高分子材料具有黏弹性质，应变不能随应力的施加而立即发生，需要一定的时间才能到达应力所导致的平衡状态。因此，应变落后于应力，这就是所谓的“滞后现象”。

聚合物承受交变应力，最简单的情形是应力以正弦周期变化，由于滞后，应力和应变存在一个相位差 δ，应力和应变可分别用下列两式表示：

$$\sigma=\sigma_0\sin\ (\omega t+\delta)$$

$$\varepsilon=\varepsilon_0\sin\omega t$$

式中 σ_0、ε_0 分别为应力和应变的振幅，ω 是角频率，t 是时间。

当上述两式用复数形式表示时

$$\sigma=\sigma_0 e^{(\omega t+\delta)}$$

$$\varepsilon=\varepsilon_0 e^{\omega t}$$

由 σ/ε 所得到的模量是复数模量 G^*

$$G^*=\frac{\sigma}{\varepsilon}=\frac{\sigma_0}{\varepsilon_0}e^{i\delta}=\frac{\sigma_0}{\varepsilon_0}\ (\cos\delta+i\cdot\sin\delta)$$

$$=\frac{\sigma_0}{\varepsilon_0}\cos\delta+i\frac{\sigma_0}{\varepsilon_0}\sin\delta$$

$$=G'+iG''$$

实数部分 G' 称为储存模量，与形变时储存在试样中的能量有关。虚数部分 G''，称为损耗模量，与形变时损耗的能量有关。内耗的大小可用损耗角正切表示：

$$\tan\delta=\frac{G''}{G'}$$

从动态力学试验中可得到模量 G'（亦称动态模量）及内耗。若固定作用力频率不变，在比较宽的温度范围内，测定模量 G' 和内耗对温度的关系曲线，得到的是动态力学温度谱。若温度不变，改变频率进行试验，则得到动态力学频率谱。

扭辫分析法简称 TBA（Torsional Braid Analysis），是测定聚合物动态力学性质的一种较简便的方法。它起源于 60 年代，是由扭摆法发展起来的。与扭摆法相比较，除了在仪器结构上稍有差异之外，两者的原理、数据测量、数据处理都基本相同。TBA 设备简单，操作方便，所用试样甚少（少于 100mg）。扭辫分析法所使用的试样是由力学惰性的玻璃纤维辫子浸渍所研究的聚合物组成的。实验时，试样一端被固定，另一端通过试样夹具与惯性体相连，当惯性体扭转一个角度时，试样受到扭转形变，外力移去后，惯性体带动试样在一定周期内做自由衰减运动。由于聚合物材料的内耗作用，振幅按不同的速度衰减（图 23－1），内耗越大，衰减越快。因而力学损耗的大小可以从振幅减小的速率来计算，通常用对数减量 Δ 来表示。Δ 定义为两个相邻振幅之比的自然对数值，即

$$\Delta=\ln\frac{A_1}{A_2}=\ln\frac{A_2}{A_3}=\ln\frac{A_i}{A_{i+1}}$$

由自由衰减运动方程的数学处理，可知：

$$\Delta=\frac{G''}{G'}\cdot\pi$$

$$G'=K\frac{1}{P^2}$$

式中，K 是一与转动惯量和样品尺寸有关的常数。

$$\tan\delta=\frac{G''}{G'}=\Delta/\pi$$

实验中测定了对数减量 Δ，便可以知道内耗角正切 $\tan\delta$，通常用对数减量 Δ 来衡量力学损耗。试样的切变模量与$\frac{1}{P^2}$成正比，由于实验所用的辫子是形状不规则的复合辫，K 难于具体计算，常用$\frac{1}{P^2}$作为相对的切变模量（储能模量）的相对量度。通常称$\frac{1}{P^2}$为相对刚度。

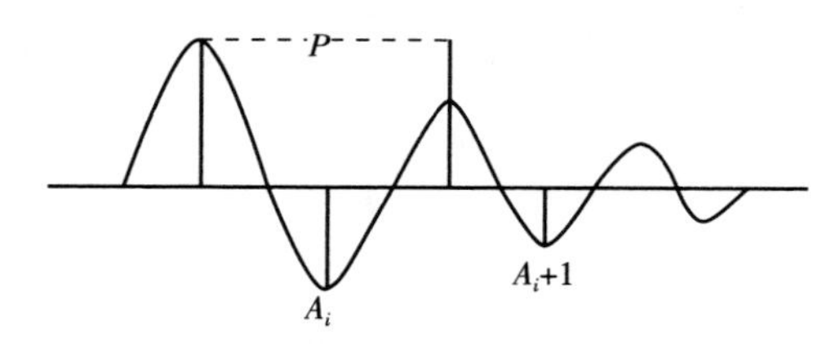

图 23-1　自由衰减振动的振幅时间曲线

P—周期；A—振幅

由于聚合物侧基、链节、链段等运动单元在其运动转变过程中会出现能量的损耗，因此，在动态力学图谱上就会出现损耗峰，从损耗峰能了解聚合物内部分子运动的情况。

譬如，对所有聚合物，在温度远低于其玻璃化温度时，高分子的链段运动被冻结，形变主要由高分子链中原子间的化学键的键长、键角改变而产生，因而模量很高，而材料几乎是完全弹性的，形变的能量作为位能贮藏而不损耗成热，因此，其对数减量 Δ 很小。在玻璃化温度转变区，非晶态聚合物从玻璃态向高弹态过渡，模量在很小的范围内被缩小到 1/100 左右而对数减量将通过一个极大值。这是因为在这个转变区，原来被冻结的链段开始可以自由运动。当每一个受到应力的链段变得能自由运动时，其多余的能量将损耗成热。而且，链段虽然可以自由运动，但是这时体系的黏度还比较大，内摩擦很大，链段运动跟不上外力的变化，滞后现象严重，因而应力与应变之间的相位差大，力学损耗就大。在高弹态，聚合物是一种橡胶，其切变模量约为 $10^2\ N/cm^2$，而且又变得相对地不依赖于温度。同时，由于体系黏度下降，链段能自由运动，链段运动又完全跟得上外力的变化，力学损耗又变得很小。在更高的温度时，由于黏性流动的增加，模量再次下降而力学损耗又升高。如图 23－2 是一种未交联非晶态聚合物的典型的动态力学行为。

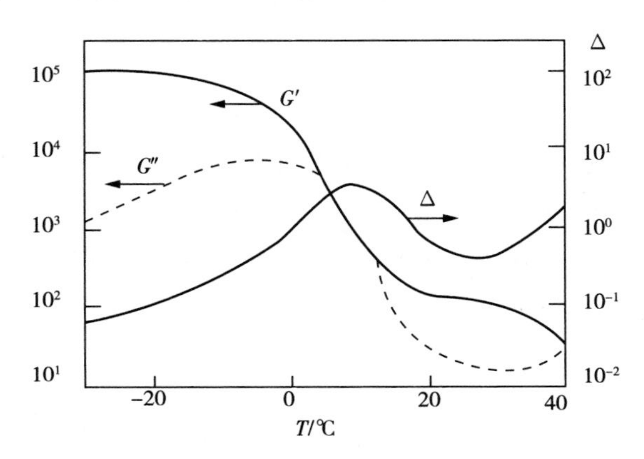

图 23－2　苯乙烯-丁二烯共聚物的动态曲线

由于内耗能量的大小，与高聚物中进行取向的运动单元的大小和数量有关。内耗对聚合物作为结构材料的选择，有很大的实用意义。如防震、隔音方面，要求材料在使用环境下具有高的内耗。在某些场合，则要求材料具有低内耗，如处于周期性拉伸—压缩工作环境下的轮胎，要求尽可能低的内耗，因过高的内耗会使轮胎发热，加速老化，影响使用寿命。

图 23－3 是扭辫分析仪的结构示意图。试样夹持在上、下连杆之间，上连杆固定，下连杆与换能盘相连，换能盘之间夹有偏光片，它与光源、下偏光片、硅光电池组成换能器，试样扭转的角度通过换能器转换成电信号输出。换能盘同时又起慢性摆的作用，由启动装置使上连杆扭过一个角度后，换能盘便以一定的周期来回地自由摆动，试样也随着来回扭转振

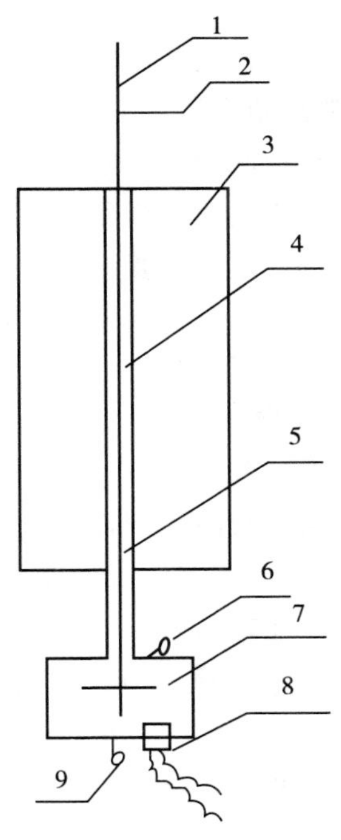

图 23－3　扭辫分析仪结构示意图

1—上支撑杆；2—激发杆；3—加热恒温套；4—试样；5—下支撑杆；6—光源灯泡；7—偏振片；8—信号输出；9—稳定器

动，它的振动周期与试样的切变模量有关，它的振幅衰减速度则与试样的内耗有关。实验时，在升温过程中，每间隔一定时间测量振动周期 P 和对数衰减 Δ，用记录仪记录试样的衰减曲线（图 23-1），便可了解试样的切变模量和内耗随时间的变化情况。

三、仪器与材料

NBW500-动态扭辫分析仪一台；真空干燥箱一台；干燥器（300mL）一只；烧杯（100mL）一只；玻璃搅棒（300mm）一根。

聚乙烯树脂 10g，工业级；溶剂 80mL，化学纯；玻璃纤维辫子若干。

四、实验步骤

1. 试样——玻璃丝辫复合体的制备

1）玻璃丝辫预处理。将市售专用玻璃丝辫的两端分别夹在小铜环夹中，使两铜环中间的玻璃丝辫净长为 21cm（注意不要将其中的玻璃单丝弄断）。然后悬吊在 450～500℃的高温炉中热处理 0.5h 以除去表面吸附的油剂等杂质，并使之稳定。取出，冷却后经酸洗、水洗、烘干后备用。

2）配制质量分数为 0.05～0.10 的高聚物溶液，使溶液呈黏稠状。

3）将上述预处理的玻璃丝辫浸于高聚物溶液中约 10min，取出后垂直吊在干净的箱中，必要时在辫子下端略施重力使之垂直，在室温中先使溶剂挥发，然后水平置于真空烘箱中真空干燥（注意选择适当的温度）。干燥后玻璃丝辫上的高聚物净重约 15～20mg，若不够量可多次浸渍。这样制好的试样保存在干燥器中，并注意不要折弯丝辫。

2. 装试样辫

1）将处理好的样品小心不允许有弯折地夹入扭转杆和下摆杆的夹口中，注意必须使样品轴线与下摆杆轴线同心，夹正并插入锁紧钉，不许有松动间隙。

2）将光盘罩下面的三个固定螺母旋下，在完全旋下前用手托住以免冲落下来摔坏，使下连杆的齿形离合器与换能盘齿合后再向上移动，使之高于光源口约 2mm。用上连杆的螺钉将上连杆固定。将稳定器向上旋，使稳定器与换能盘中部的尖端相离 1.5～2.0mm，用目测在正面与侧面检查尖端与稳定器是否在一直线上。若不在同一直线上，可调节主机下部 3 个支脚螺丝来达到。然后将稳定器旋至与该尖端相距 2～3mm 处。将光盘罩重新装上，并注意使光盘罩的后方对准光出口。

3）检查主机是否水平，通过调整 4 个地脚使水平气泡处于中间位置。

4）检查主机、计算机等全部电缆是否连接正确后，接通仪器电源。将主机控制面板上总电源开关旋至“开”，加热开关旋至“自动加热”。（自动加热时，试验腔温度由计算机控制，手动加热主要用于检测和备用，手动操作要注意监视温度，切勿忽视超温。）主加热开关、辅加热开关为手动加热使用，制冷开关为备用开关勿打开。按下光源开关，此时暗箱内光源打开。

3. 测定

单击“扭辫仪”进入试验运行程序，分别进行“条件设置”“角位移检测”“系统参数设置”后，进行测试、存盘、数据处理、打印。

4. 数据记录与处理

1）记录实验条件。

2）根据所得对数减量 Δ 和相对刚度 $\frac{1}{P^2}$ 对温度的谱图，分析聚合物的分子运动。

五、注意事项

1. 在编结玻璃纤维辫子时，不能编得太紧或太粗，否则会导致扭转振动时振幅的对数不成线性衰减。

2. 浸渍试样应尽可能均匀。

六、思考题

1. 本实验中影响实验结果的因素有哪些？

2. 在对数减量 Δ 曲线中出现的峰和相对刚度 $\frac{1}{P^2}$ 中出现突变说明了什么？

实验二十四　电子拉力机测定聚合物的应力-应变曲线

一、实验目的

1. 熟悉电子拉力机的使用；
2. 测定聚合物的应力-应变线；
3. 观察裂纹和裂缝现象。

二、实验原理

聚合物在拉力下的应力-应变测试是一种广泛使用的最基础的力学试验。聚合物的应力-应变曲线提供力学行为的许多重要线索，从而得到有用的表征参数（杨氏模量、屈服应力、屈服伸长率、破坏应力、极限伸长率、断裂能）以评价材料抵抗载荷、抵抗变形和吸收能量的性质优劣；从宽广的试验温度和试验速度范围内测得的应力-应变曲线，有助于判断聚合物材料的强弱、硬软、韧脆和粗略估计聚合物所处的状态与拉伸取向过程，以及为设计和应用部门选取最佳材料而提供科学依据。

电子拉力机是将聚合物材料的刺激（载荷）和响应（变形）由换能装置转变为电信号传入自动记录仪，描述出载荷-变形（或载荷-时间）的曲线，经计算处理后，可得到应力-应变曲线。电子拉力机除了应用于力学试验中最常用的拉伸试验外，还可进行压缩、弯曲、剪切、撕裂、剥离以及疲劳、应力松弛等各种力学试验，是测定和研究聚合物材料的力学行为相机械性能的有效手段。

拉伸试验是在规定的试验温度、湿度与速度条件下，对标准试样沿其纵轴方向施加拉伸载荷，并使其破坏。拉伸时，试样在纵轴方向受到的力称应力 σ，

$$\sigma=\frac{P}{A_0} \tag{24-1}$$

式（24－1）中，P 为拉伸载荷；A_0 为试样的初始截面积。试样的伸长率，即应变 ε 为

$$\varepsilon=\frac{\Delta L}{L_0} \tag{24-2}$$

式（24－2）中 L_0 为试样标线间的初始长度，ΔL 为拉伸后试样标线间原长的增量。

根据拉伸过程中屈服点的表现、伸长率大小及其断裂情况，应力-应变的线大致可分为五种类型：①软而弱；②硬而脆；③硬而强；④软而韧；⑤硬而韧（图 24－1）。但是，随着试验条件（温度、湿度、速度）的变化，聚合物的应力-应变行为可以发生脆性—韧性互变，这是聚合物材料具有黏弹性的缘故。

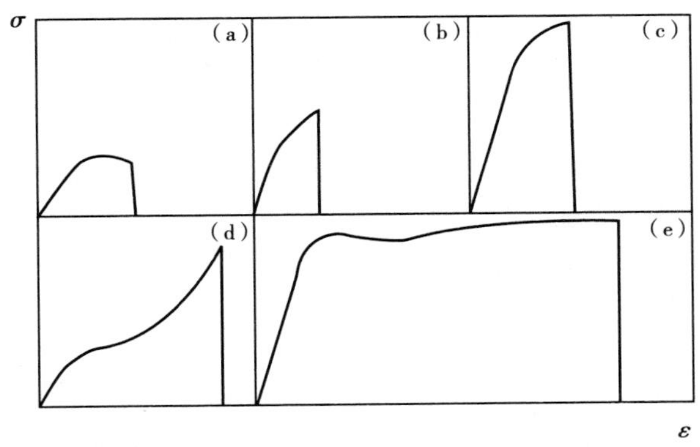

图 24－1　聚合物应力-应变曲线类型

（a）软而弱；（b）硬而脆；（c）硬而强；

（d）软而韧；（e）硬而韧

在 $\sigma-\varepsilon$ 曲线上，以屈服点 Y 为界划分为两个区域，屈服点之前是弹性区，即除去应力，材料能恢复原状；屈服点之后是塑性区，即材料产生永久变形，不再恢复原状（图 24－2）。因而，我们也可将聚合物的拉伸力学性能分为弹性区的力学性能与塑性区的力学性能（图 24－3）。

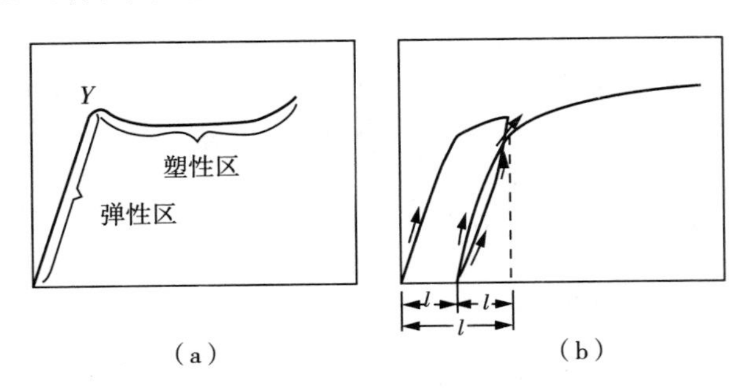

图 24－2　聚合物应力-应变曲线

但是，对于形变很大的聚合物材料，从 $\sigma-\varepsilon$ 曲线上得到的标称拉伸力学性

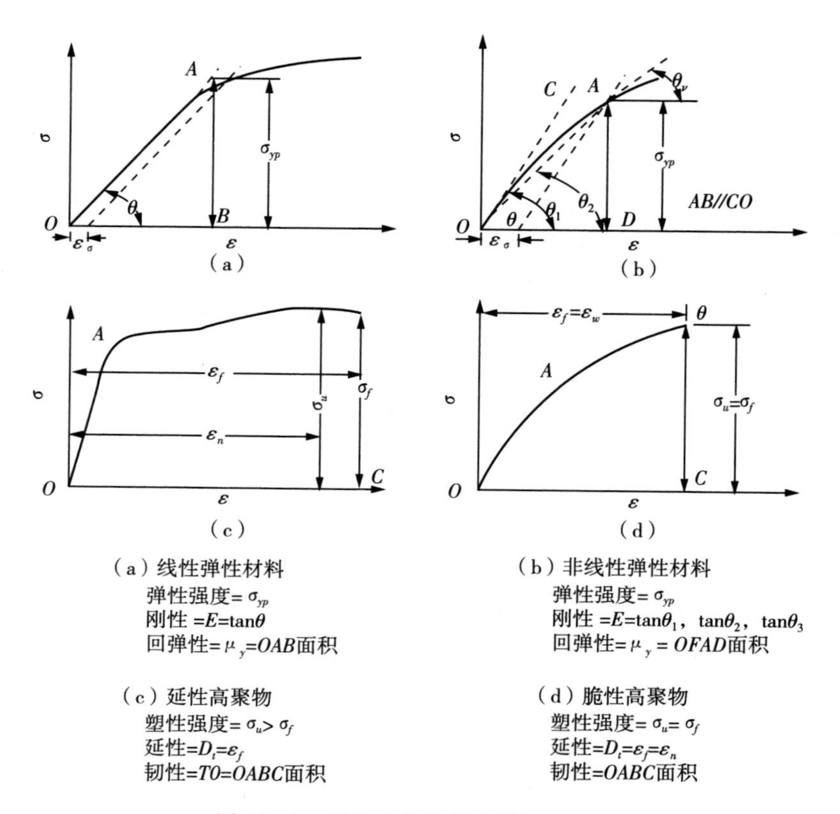

图 24-3　拉伸力学性能的图解表示法

能，往往会导致错误地判断力学性能和选出不合适的材料。故必须使用真应力与真应变，以求得真实拉伸力学性能。真应力 σ' 为

$$\sigma'=\frac{P}{A} \tag{24-3}$$

式（24-3）中，P 为拉伸载荷；A 为试样的瞬时截面积。如果与之相应时刻内，试样由标线间长度 L_i 拉伸为 $L_i+\mathrm{d}L_i$，则真应变 δ 为

$$\delta=\int_{L_0}^{L}\frac{\mathrm{d}L_i}{L_t}=\ln\frac{L}{L_0}=\ln\frac{L_0+\Delta L}{L_0}=\ln(1+\varepsilon) \tag{24-4}$$

假定试样在大变形时体积不变，即 $AL=A_0L_0$，则真应力可表示为

$$\sigma'=\frac{P}{A_0}(1+\varepsilon)=\sigma(1+\varepsilon) \tag{24-5}$$

$$\sigma'=\sigma\exp\{\delta\} \tag{24-6}$$

然后，从真应力 σ'-真应变 δ 曲线得到真实拉伸力学性能。图 24－4 表明，变形很大时，标称力学性能与真实力学性能间有很大的偏差。

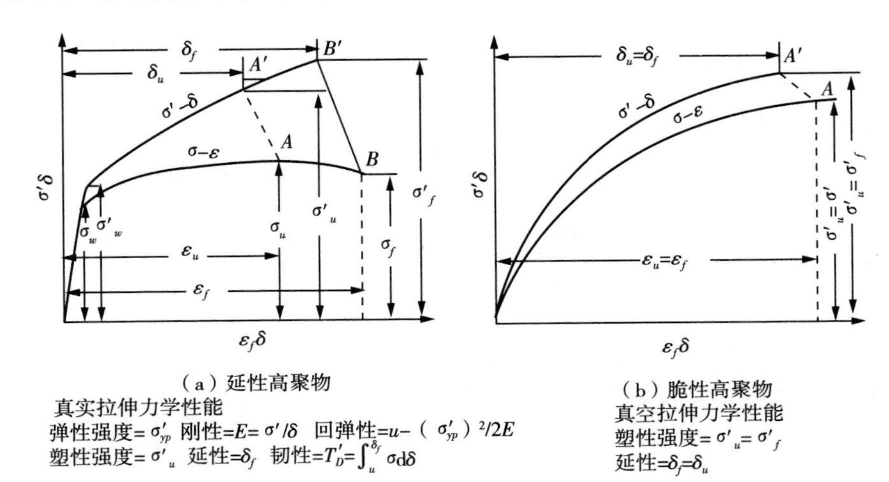

图 24－4　真应力-真应变与标称应力-应变关系

为深入讨论聚合物的屈服和塑性，我们可以应用真应力-应变的函数关系，即 σ'-δ 曲线，求出任一伸长时的载荷 P，最大载荷 $P_{\max}$：可由条件 $\mathrm{d}P/\mathrm{d}\varepsilon=0$ 来确定，利用式（24－5）得

$$\frac{\mathrm{d}p}{\mathrm{d}\varepsilon}=\frac{A_0}{(1+\varepsilon)^2}\left[(1+\varepsilon)\ \frac{\mathrm{d}\sigma'}{\mathrm{d}\varepsilon}-\sigma'\right]=0 \tag{24－7}$$

则

$$\frac{\mathrm{d}\sigma'}{\mathrm{d}\varepsilon}=\frac{\sigma'}{1+\varepsilon}=\frac{\sigma'}{\lambda}\text{或}\frac{\mathrm{d}\sigma'}{\mathrm{d}\varepsilon}=\frac{\mathrm{d}\sigma'}{\mathrm{d}\lambda}=\frac{\sigma'}{\lambda} \tag{24－8}$$

式（24－8）中 λ 为拉伸比。由 $\varepsilon=-1$ 或 $\lambda=0$ 点向 σ'-ε 或 σ'-λ 曲线作切线，与曲线的切点即为极限应力，正好对应于标称应力-应变曲线上出现屈服点的地方（图 24－5）。这种作图法称为“considere 作图法”，可以作为聚合物是否能够成颈或又成颈又冷拉的判据。聚合物的 σ'-λ 有三种类型（图 24－6）：1. σ'-λ 曲线上无切点，即 $\frac{\mathrm{d}\sigma'}{\mathrm{d}\lambda}>\frac{\sigma'}{\lambda}$（图 24－6a），这种

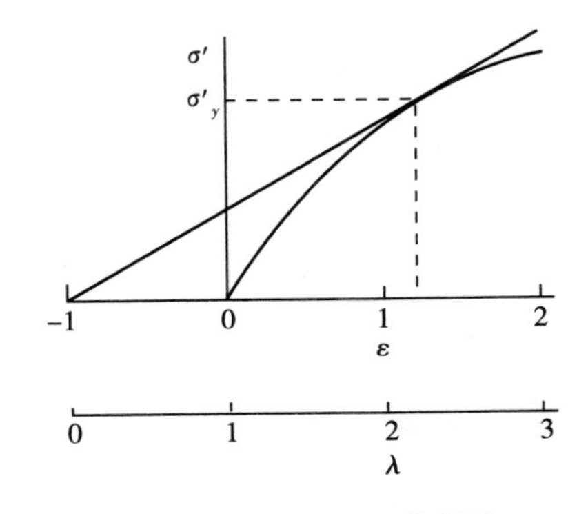

图 24－5　considere 作图法

聚合物随载荷增大而均匀伸长，但不能成颈。

2. σ'-λ 曲线上有一点满足$\frac{d\sigma'}{d\lambda}=\frac{\sigma'}{\lambda}$（图 24 - 6b），当聚合物均匀伸长到：$\frac{d\sigma'}{d\lambda}=\frac{\sigma'}{\lambda}$时，试样某处的横截面变小，即成颈，过切点后，细颈逐渐变细，载荷下降直到试样断裂。

3. σ'-λ 曲线上有两点满足$\frac{d\sigma'}{d\lambda}=\frac{\sigma'}{\lambda}$（图 24 - 6c），这种聚合物不仅成颈，而且细颈进一步伸长，即所谓的冷拉，这是聚合物既成颈又冷拉的判断准则。

① 弹性强度：应力-应变曲线上的弹性极限点的应力。

② 刚性：杨氏模量。

③ 回弹性：材料在弹性范围内吸收能量的大小。

④ 塑性强度：材料在塑性区所能承受的最大应力，通常也就是断裂强度。

⑤ 延性：断裂伸长率。

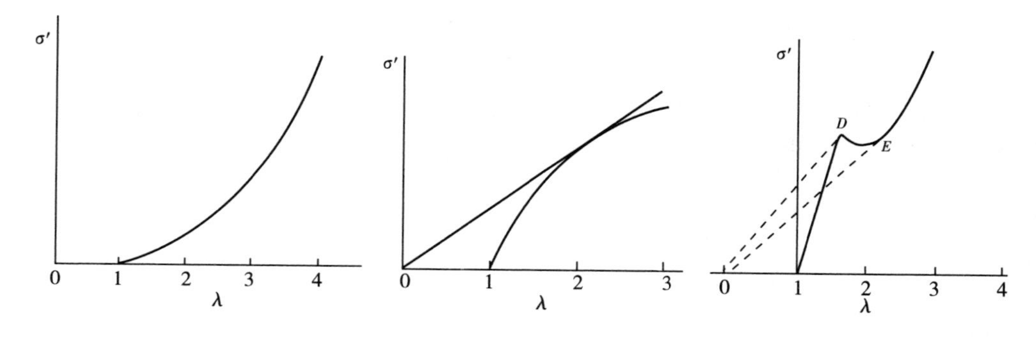

（a）不成颈聚合物的 σ'-λ曲线　（b）成颈聚合物的 σ'-λ曲线　（c）冷拉聚合物的 σ'-λ曲线

图 24 - 6　三种典型的 σ'-λ 曲线

三、仪器和试样

RG - 2000 型电子拉力试验机、电子游标卡尺（150mm）、直尺（0－100cm）。

聚氯乙烯（PVC）双叉型标准试条、ABS 双叉型标准试条。

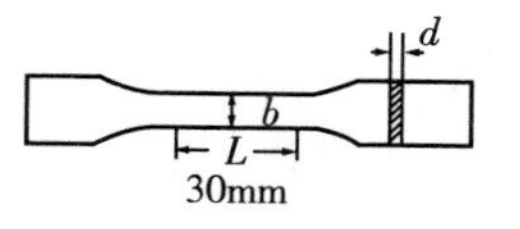

图 24 - 7　拉伸试样条

四、实验步骤

1. 在标准试条如图 24 - 7 上对称最取 $L=30$mm

作为标线间距离，用游标卡尺测量标线间试样的宽度 b 和厚度 d，每根试样测量三点，取算术平均值。

2. 电子拉力机的操作

（1）打开总电源开关后打开拉力机电源开关；

（2）打开电脑开关，左键双击桌面上的拉力机图标；

（3）点击任务栏中的通讯→点击联机→ON；

（4）用夹具将试样夹紧（试样尽可能垂直）；

（5）点击系统配置→实验方式（选择应力-应变）→选择所需的传感器→运行控制设置→设置环境参数→选择拉伸实验数据→设置运行参数→点击确定→清零（负荷、变形）→点击 Run；

（6）测试结束保存数据；

（7）卸下旧样，装上新祥，再操作步骤（4）、（5）；

（8）试样测试结束后，打印数据和图形；

（9）依次关拉力机、打印机和电脑的电源开关。

五、注意事项

1. 每次实验开机后要预热 10min，待系统稳定后再进行实验；

2. 试验开始前一定要调好限位挡圈，以免操作失误，损坏力值传感器；

3. 试验过程中不能远离操作机；

4. 试验过程中除停止键和急停开关外，不要按控制合上的其他按键，否则会影响实验；

5. 试验结束后要关闭所有的电源开关。

六、思考题

1. 增大拉伸速度，对高聚物的应力-应变曲线有何影响？为什么？

2. 比较聚合物的应力-应变曲线。从结果上进行分析，说明原因。

3. 聚合物的应力-应变曲线有几类？每一类对的应力-应变曲线是怎样的？

4. 解释应力、应变、模量、屈服点。

5. 脆性断裂和韧性断裂有何不同？

实验二十五　毛细管流变仪法测定聚乙烯的流变性能

一、实验目的

1. 了解毛细管流变仪的结构与测定聚合物流变性能的原理；
2. 掌握毛细管流变仪测定流变性能的方法。

二、实验原理

高分子材料的成型过程。如塑料的压制、压延、挤出、注射等工艺，化纤抽丝，橡胶加工等过程都是在高分子材料处于熔体状态进行的。熔体受力的作用表现出流动和变形，这种流动和变形行为强烈地依赖于材料结构和外在条件，高分子材料的这种性质称为流变行为，即流变性。测定高分子材料熔体流变行为的仪器称为流变仪，有时又叫黏度计。性能按仪器施力方式不同有许多种，如落球式、转动式和毛细管挤出式等。这些不同类型的仪器，适用不同黏性流体在不同剪切速率范围的测定。各种流变仪的剪切速率和黏度范围如表 25 - 1 所示。

表 25 - 1　各种测定流变性能仪器的使用范围

流变仪	剪切速率/s^{-1}	黏度范围/Pa・s	流变仪	剪切速率/s^{-1}	黏度范围/Pa・s
毛细管挤出式	$10^{-1}\sim10^{6}$	$10^{1}\sim10^{2}$	平行板式	极低	$10^{2}\sim10^{3}$
旋转圆筒式	$10^{-3}\sim10^{1}$	$10^{-1}\sim10^{11}$	落球式	极低	$10^{-5}\sim10^{3}$
旋转锥板式	$10^{-3}\sim10^{1}$	$10^{2}\sim10^{11}$			

在测定和研究高分子材料熔体流变性能的各种仪器中，毛细管流变仪是一种常用的较为合适的实验仪器，它具有功能多和剪切速率范围广的优点。毛细管流变仪既可以测定聚合物熔体在毛细管中的剪切应力和剪切速率的关系，又可以根据挤出物的直径和外观，在恒定应力下通过改变毛细管的长径比来研究熔体的弹性和不稳定流动（包括熔体破裂）现象。从而预测其加工行为，作为选择复合物配方，寻求最佳成型工艺条件和控制产品质量的依据；或者为高分子加工机械和

成型模具的辅助设计提供基本数据。

毛细管流变仪测试的基本原理是：设在一个无限长的毛细管中，塑料熔体在管中的流动为一种不可压缩的动性流体的稳定流动；毛细管两端的压差为 ΔP。流体具有黏性，受到来自管壁与流动方向相反的作用力，通过黏滞阻力与推动力相平衡。可推导得到管壁处的剪切应力（τ_w）和剪切速率（γ_w）与压力、熔体流动速率的关系：

$$\tau_w=\frac{R\Delta P}{2L} \tag{25-1}$$

式（25－1）中，R 为毛细管的半径，cm；L 为毛细管的长度，cm；ΔP 为毛细管两端的压力差，Pa。

$$\gamma_w=\frac{4Q}{\pi R^3} \tag{25-2}$$

式（25－2）中，Q 为熔体体积流动速率，cm^3/s。

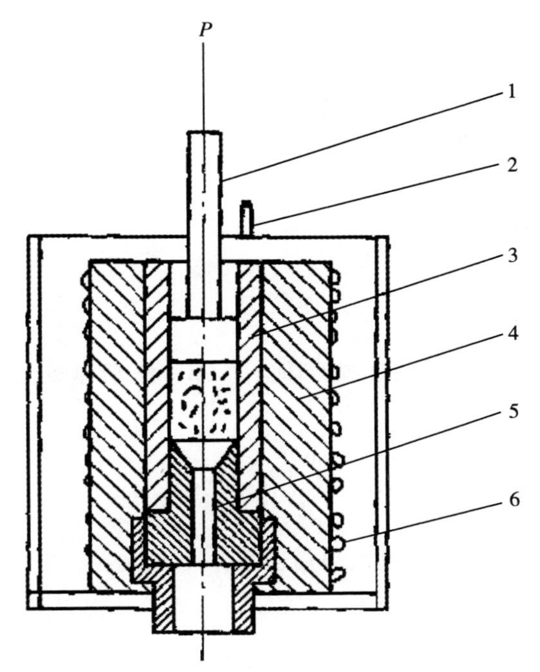

图 25－1　XLY－Ⅱ型流变仪的结构示意图

1—柱塞；2—热电偶；3—料筒；4，6—加热装置；5—毛细管

由此，在温度和毛细管长径比（L/D）一定的条件下，测定在不同的压力下塑料熔体通过毛细管的流动速率（Q），由流动速率和毛细管两端的压力差 ΔP，

可计算出相应的剪切应力（τ_w）和剪切速率（γ_w）值。将一组对应的剪切应力（τ_w）和剪切速率（γ_w）在双对数坐标上绘制流动曲线图，即可求得非牛顿指数（n）和熔体的表观黏度（η_a）。改变温度或改变毛细管长径比，则可得到对温度依赖性的黏度活化能（E_η）以及离模膨胀比（B）等表征流变特性的物理参数。

但是，对大多数聚合物熔体来说部属于非牛顿液体，它们在管中流动时具有弹性效应，壁面滑移和入口处流动过程的压力降等特征。况且，在实验中毛细管的长度都是有限的，由上述假设推导测得的实验结果将产生一定的偏差。为此对假设熔体为牛顿流体推导的剪切速率 γ_w 和适用于无限长毛纫管的剪切应力 τ_w 必须进行"非牛顿改正"，方能得到毛细管管壁上的真实剪切速率和真实剪切应力。但改 f 手续较繁复，工作量很大，如毛细管的 $L/D>40$ 或该测试数据仅用于实验对比时，也可不作改正要求。

1. 计算公式

（1）熔体体积流动速率 Q（cm^3/s）

$$Q=\frac{h\cdot S}{t} \tag{25-3}$$

式（25－3）中，S 为柱塞的横截面积，cm^2；t 为熔体挤出的时间，s；h 为在时间 t 内径塞下降的距离，cm。

（2）熔体的表观黏度（Pa・s）

$$\eta_a=\frac{\tau_w}{\dot{\gamma}_w} \tag{25-4}$$

式（25－4）中，τ_w 为管壁处的表观剪切应力 Pa，$\dot{\gamma}_w$ 管壁处的表现剪切速率 s^{-1}。

（3）非牛顿改正

$$\dot{\gamma}_{w改}=\frac{3(n+1)}{4n}\cdot\dot{\gamma}_w \tag{25-5}$$

式（25－5）中，$\dot{\gamma}_{w改}$ 管壁处的真实剪切速率，s^{-1}；n 为非牛顿指数。

（4）入口改正

$$\tau_{w改}=\frac{\Delta p}{2\left(\frac{L}{R}+e\right)} \tag{25-6}$$

式（25－6）中，$\tau_{w改}$ 为管壁处的真实剪切应力，Pa；e 为改正因子。

（5）熔体的黏流活化能 E_η（J/mol）

$$\ln\eta_a=\frac{E_\eta}{RT}+\ln A \qquad (25-7)$$

式（25－7）中，T 为绝对温度，K；R 为气体常数，8.314J/mol·K；A 为常数。

（6）离模膨胀比 B

$$B=\frac{D_s}{D} \qquad (25-8)$$

式（25－8）中，D_s为挤出物直径，cm；D 为毛细管直径，cm。

2. 数据处理及作图

（1）在流动速率图线上截取一平直段，将其对应的纵、横坐标值代入式（25－3）中，可计算出熔体体积流动速率（Q）。再用式（25－1）、（25－2）分别计算出各 Q 值对应的表观剪切应力（τ_w）和表观剪切速率（$\dot{\gamma}_w$）。

（2）由式（25－4）计算出表观黏度（η_a）后，将 Q、$\tau_w\dot{\gamma}_w\eta_a$的记录值列入表中，同时在双对数坐标纸上绘制 τ_w对 $\dot{\gamma}_w$ 的流变曲线，在 $\dot{\gamma}_w$ 不大的范围内可得一条直线，该直线的斜率为非牛顿指数（n）。

（3）将 n 代入式（25－5），进行非牛顿改正可得到毛细管壁上的真实剪切速率（$\Delta_{w改}$）。

（4）用恒定温度下测得的不同的长径比 L/D、毛细管的一系列压力降（ΔP）对表观剪切速率（$\dot{\gamma}_w$）作图，再在恒定 $\dot{\gamma}_w$ 下绘制 $\Delta P-L/D$ 关系图，将其所得直线外推与轴相交，该轴上的截距（e）即为 Bagley 改正因子。把 e 代入式（25－6）就可得到毛细管处的真实剪切应力 $\dot{\gamma}_{w改}$。

（5）利用不同温度下测得的塑料熔体表观黏度绘制 $\ln\eta_a-1/T$ 关系图，在一定的温度范围内图形是一直线。该直线的斜率能表征熔体的黏流活化能 E_η。

（6）将挤出物（单丝）冷却后用测微器测量具直径（D_s）（为减少挤出物自重所引起的单丝变细。测量应靠单丝端部进行，最好选用溶液接托法取样）。由式（25－8）可计算出膨胀比（B）；另外还可用放大镜观察挤出物的外观。

三、仪器与材料

XLY－Ⅱ型流变仪一台、天平（精度 0.1g）一台、清洁绸布、套筒扳手一套。

热塑性塑料及其复合物粉料、粒料、条状薄片或模压块料等。

四、实验步骤

1. 将加热系统、压力系统、记录仪与控制仪的接线分别与控制仪后面板上的接插线连接好。判开电源开关，把测温热电偶插入加热炉测温孔并与记录仪接上。

2. 根据测试目的及原料特性选择控温方式（恒温或等速升温），测试温度及升温速度，利用控制台设定出相应的数字。

3. 在天平上称取 1.5～2.0g 样品（其量随样品的不同而异）。当温度达到要求后，取出柱塞用漏斗将样品尽快加入料筒内，随即把柱塞插回料筒，将加热炉体移至压头正下方。

4. 左旋松动油把手使压头下压，再右旋拧紧放油把手并搬动压油杆使压头上升，反复两次将物料压实。然后调节调整螺母，使压头与柱塞压紧，预热样品 10min，同时选好记录速度。

5. 左旋松动油把手，使压杆下压到最低限位。同时开启记录仪，此时受压熔体自毛细管拼出并在记录仪上描绘出熔体温度与柱塞下降速度。

6. 待熔体全部挤出后，右旋拧紧放油把手，上下搬动压油杆，抬起压头．移出加热炉，取出柱塞和毛细管。趁热用绸布蘸少量溶剂反复擦洗柱塞、毛细管以及料筒内表面。清洗完毕，立即组装好各件，以备再用。

7. 收集挤出物，观察其外形变化；测量挤出物直径；注明挤出物、记录图线测试条件。

8. 在同一温度下改变负荷，相应地调整记录速度，重复上述实验操作过程，即可测得一组流动速率图线。

通过换算和数据处理，可得到不同的熔体体积流动速率（Q）相对应的剪切速率 γ_w 以及其他流变学参数。

五、注意事项

1. 仪器加热体处应尽量避免空气对流，以保持恒温精度。

2. 抬起杠杆，压油杆搬动时，杠杆到达顶端不能再搬动压油杆，防止损坏杠杆。

六、思考题

1. 根据测得的流变曲线分析该塑料流体的类型？评定其工艺性能？

2. 试考虑为什么要进行“非牛顿改正”和“入口改正”？怎样进行改正？

3. 为保证实验结果的可靠性，操作及数据处理时应特别注意哪些问题？

4. 为什么使用长径比 40∶1 的毛细管？实验中可否使用不同长径比的毛细管？

5. 何为牛顿流体和非牛顿流体？

实验二十六　聚合物的电性能（比体积电阻、比表面电阻）

高聚物的电学性质是指聚合物在外加电压或电场作用下的行为及其所表现出来的各种物理现象，高聚物的电性能通常指介电常数、介电损耗、比体积电阻、比表面电阻、击穿电压等。本实验是用超高电阻测试仪测定聚合物的比体积电阻、比表面电阻。

工程技术应用需要选择合适的高分子材料，如制造电容器需要介电损耗尽可能小而介电常数尽可能大和介电强度很高的介电材料；仪表绝缘材料要求电阻率高和介电强度高而介电损耗很低的绝缘材料；无线电遥控技术需要优良的高频、超高频绝缘材料；而在另一场合下，如在纺织方面，为了防止静电的积聚给生产带来麻烦，要求材料具有适当的导电性。高聚物电学性质的研究，可以为工业技术部门选用材料提供测试数据和理论依据。

同时，高聚物的电学性质往往非常灵敏地反映材料内部结构的变化和分子运动状况，高聚物之所以具有优异而广泛的电学性质，正是高聚物本身内部结构的反映。因此，电学性质的测量，已成为研究高聚物的结构和分子运动的一种有力手段。研究高聚物的电学性质具有非常重要的理论和实际意义。

一、实验目的

1. 理解比体积电阻、比表面电阻的物理意义；
2. 掌握高阻计测试仪的使用方法；
3. 了解聚合物电阻与结构的关系。

二、实验原理

1. 比体积电阻、比表面电阻

将平板状试样放在两电极之间，施于两极上的直流电压和流过电极间试样表面层上的电流之比，称为表面电阻 R_s。若试样长度为 1cm，两极间试样宽度为 1cm，则这时的 R_s 就是该试样的比表面电阻 ρ_s，其定义为

$$\rho_S = R_S \frac{L}{b} \tag{26-1}$$

式（26-1）中，L 为试样表面流过电流的宽度，b 为电极之间的距离即电流流过的距离，ρ_s 的单位为 Ω。同理，施于两极上的直流电压和流过电极间试样体积内的电流之比，称为体积电阻 R_v。若试样厚度为 1cm，测量电极面积为 $1cm^2$，则这时的 R_v 值即为该试样的比体积电阻 ρ_v，定义为

$$\rho_v = R_v \frac{S}{d} \tag{26-2}$$

式（26-2）中，S 为电极表面积，d 为试样厚度，ρ_v 的单位为 Ω·cm。通常，在提到“比电阻”而又没有特别注明的时候，就是指 ρ_v。

2. 高聚物导电的影响因素

电导是表征物体导电能力的物理量。它是在电场作用下，物体中的载流子移动的现象。高分子是由许多原子以共价键连接起来的，分子中没有自由电子，也没有可流动的自由离子（除高分子电解质含有离子外），所以它是优良的绝缘材料，其导电能力极低。一般认为，聚合物的主要导电因素是由杂质所引起，称为杂质电导。但也有某些具有特殊结构的聚合物呈现半导体的性质，如聚乙炔、聚乙烯基咔唑等。当聚合物被加于直流电压时，流经聚合物的电流最初随时间而衰减，最后趋于平稳。其中包括了 3 种电流，即瞬时充电电流、吸收电流和漏导电流（图 26-1）。

（1）瞬时充电电流是聚合物在加上电场的瞬间，电子、原子被极化而产生的位移电流，以及试样的纯电容性充电电流。其特点是瞬时性，开始很大，很快就下降到可以忽略的地步。

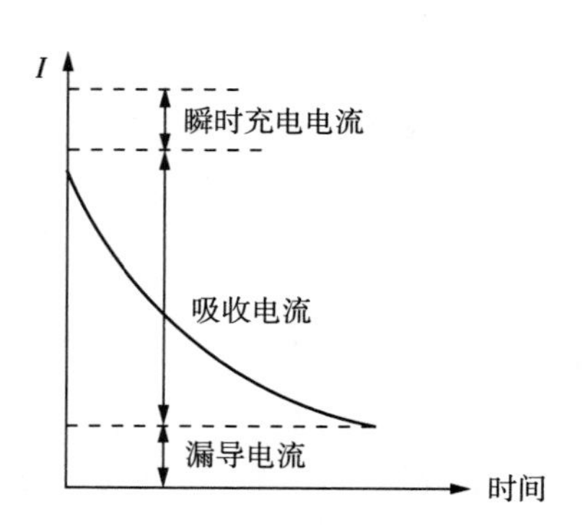

图 26-1　流经聚合物的电流

（2）吸收电流是经聚合物的内部，且随时间而减小的电流。它存在的时间大约几秒到几十分钟。吸收电流产生的原因较复杂，可能是偶极子的极化、空间电荷效应和界面极化等作用的结果。

（3）漏导电流是通过聚合物的恒稳电流，其特点是不随时间变化。通常是由杂质作为载流子而引起。

由于吸收电流的存在，在测定电阻（电流）时，要统一规定读取数值的时间（1min）。另外，在测定中，通过改变电场方向反复测量，取平均值，以尽量消除电场方向对吸收电流的影响所引起的误差。

聚合物的电导，在非极强电场下（不产生自由电子），其 ρ_v 与温度的关系曲线如图 26-2 所示。Ⅰ为非极性聚合物，Ⅱ为极性聚合物。后者电阻较低，并在

T_g 附近出现电流增大的峰值。这是偶极基团取向产生位移电流而引起。一般导体电阻随温度增高而线性增加，而聚合物（介电质）电阻随温度升高而按对数减小（说明导电机理为一活化过程），并且在力学状态改变时，其变化规律也发生变化，其原理与介质损耗相同。但在使用直流电进行测量时，考虑的主要因素是杂质离子的迁移。在 T_g 以后，由于链段运动解冻，链段相对位置不断改变，在局部上，其性质相似于液体，离子迁移更容易，因而电导增大，电阻减小，故 ρ_v 通过测试与温度的关系曲线也可测定 T_g。

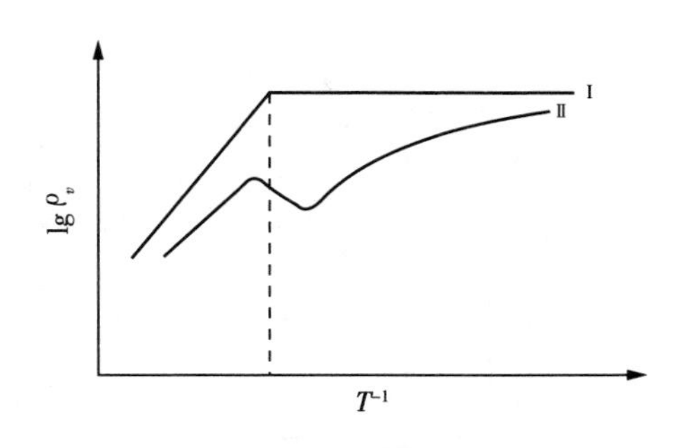

图 26－2　聚合物的体积电阻率与温度的关系

环境湿度对电阻测定影响很大，尤以 ρ_s 为显著。在干燥清洁的表面上，ρ_s 几乎可以忽略，但一有可导电的杂质，ρ_s 减少很快。当有水存在时，水迅速沾污（如可吸收 CO_2）而导电，有裂缝时影响就更明显。对于 ρ_v，非极性聚合物难于吸湿，影响不大，但对于极性聚合物，吸湿后由于水可使杂质离解，因而电导增大。当材料含有有孔填料（如纤维等）时，影响更大。一般来说，湿度对极性聚合物的影响比非极性聚合物的大，对无机物的影响也较有机物的大。因而对电阻的测定，规定了在一定的湿度环境中进行。

三、仪器与试样

高阻计（ZC－36 型）一台；螺旋测微器一把；秒表一块；镊子。

聚氯乙烯，聚苯乙烯板材（100mm×100mm×1mm）各一块，酒精棉球。

四、实验步骤

1. 熟悉仪器面板、三电极系统

ZC－36 型高阻计是一种直读式的测超高电阻和微电流的两用仪器。测量范围为主 $1\times10^6\sim1\times10^{17}\,\Omega$，共分 8 挡。电压共分 5 拦（10V、100V、250V、500V、1000V）。仪器的倍率选择量程从 $1\times10^2\sim1\times10^9$，转换量程应从小到大。本仪器一般情况下不能用来测量那些一端接地的试样的电阻。在测试时，仪器及试样应放在高绝缘的垫板上，以防止漏电影响测试结果。仪器面板如图 26－3 所示。

ZC－36 型高阻计，使用三电极系统测试体积电阻 R_v、表面电阻 R_s，工作原

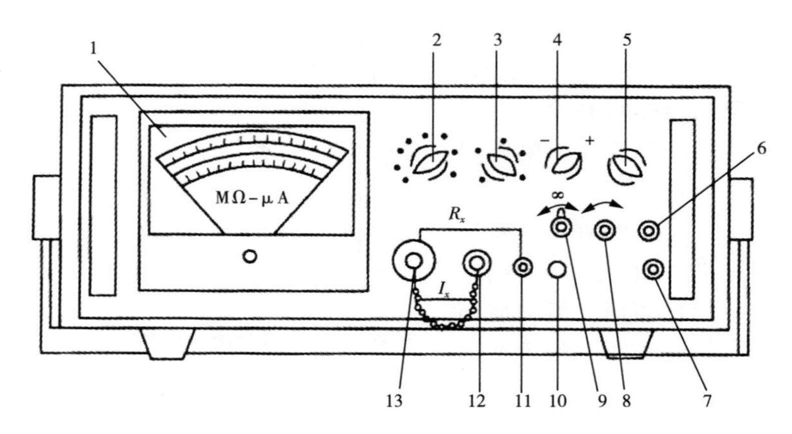

图 26-3　高阻计仪器面板

1—指示表；2—倍率选择开关；3—测试电压选择开关；4—“+”“—”极性开关，当旋钮指向“+”时，测量“+”的直流讯号，指向“—”时，测量“—”的直流讯号，指向“0”时，表关开路；5—“放电-测试”开关，当旋钮指向“放电”位置时，测试电压未加到被测样品上，当旋钮指向“测试”位置时，测试电压加到被测试样上；6—指示灯；7—电源开关；8—满度调整旋钮，调整表头指向满度（表头最右刻度“1”处）；9—“0、∞”旋钮，调整表头指向“0、∞”处；10—“输入短路开关”，当开关拨向上“短路”位置时，被测信号短路，表头也就没有指示；11—高压端钮（红色），测试电压由这里引出；12—接地端钮；13—输入端钮，被测信号从这里引入

理如图 26-4；仪器所附 3 个电极的尺寸按中华人民共和国一机部部标 B 903-66 绝缘材料通用电性能试验方法的规定。若要进行升温测试，则其电极及加热装置与介质损耗测定相同，也可把电极放在恒温箱中进行测定。

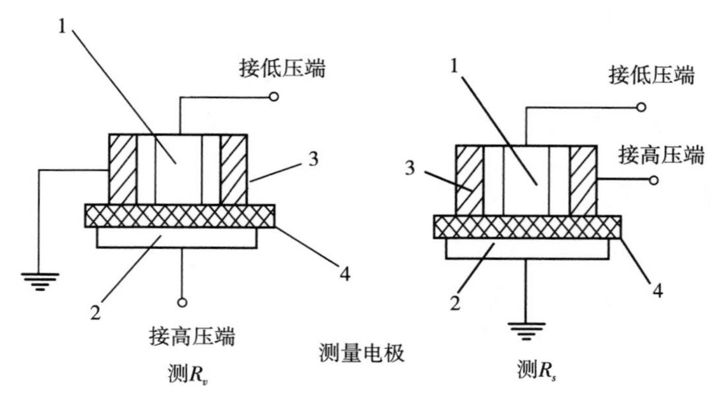

1，2-测量电极；3-保护电极；4-样品

图 26-4　三电极系统工作原理

ρ_v 按下式计算：

$$\rho_v = Rv\frac{\pi\gamma^2}{d}$$

式中 γ——测试电极的半径，d——为试样厚度。

ρ_s 按下式计算：

$$\rho_s = R_s\frac{2\pi}{\ln\frac{D_2}{D_1}}$$

式中 D_1——测试电极的直径（ZC－36 型高阻计为 5cm）

D_2——为保护电极的内径（ZC－36 型高阻计为 5.4cm）

2. 样品的准备

（1）试样应平滑，无裂纹、无气泡和机械杂质。

（2）用螺旋测微仪在测试范围内测量三个点的厚度，取其平均值。

（3）用浸渍酒精的棉球擦净试样表面，并晾干。做标准试样时应对试样进行恒温恒湿处理，一般要求在（25±2)℃及相对湿度小于 65%的条件下放置 16h 以上。

（4）试样要尽量放置在电极的范围内，三个电极要保持同心，并按规定将接线夹与电极接好（红夹接红接线柱，黑夹接黑接线柱），盖好电极箱盖。

3. 测试前仪器准备

（1）使用前面板上的各开关位置

测试电压开关置于“10V”处。

倍率开关置于最低档位置（$1\times10^2\Omega$ 及 1×10^{-1}A）。

“放电-测试”开关置于“放电”位置。

电源开关置于“断”的位置。

输入短路开关置于“短路”位置。

极性开关置于“0”位置。

（2）检查测试环境的温度和湿度是否在允许范围内，尤其当环境湿度高于 80%以上时，对测量较高的绝缘电阻>$10^{11}\Omega$ 及 10^{-8}A 时微电流可能会导致较大的误差。

（3）检查交流电源电压是否符合 220V 允差±10%。仪器是否用导线妥善接地。

（4）将仪器接通电源，合上电源开关，指示灯发亮，并有蜂鸣声。预热 30 分钟。如发现指示灯不亮，立即切断电源，待查明原因后方可使用。

（5）仪器预热 30min 后，将极性开关置于“＋”处（一般测试均置于“＋”处，只有在测试负极性微电流时才置于“－”处），此时可能发现指示仪表的指针会离开“∞”及“0”处，这时可慢慢调节“∞”及“0”电位器，使指针置于“∞”及“0”处，直至不再变动。

（6）将倍率选择开关由 $1\times10^{2}\Omega$ 及 1×10^{-1}A 位置转至“满度”位置，输入端开关应拨向开路，这时指针将从“∞”位置指于“满度”，如果不到或超过“满度”，则可调节“满度”电位器，使之调到“满度”，然后再把倍率开关拨到 1×10^{2}、1×10^{-1}处，使指针仍指于“∞”及“0”处，这样反复多次即把仪器灵敏度调好。在测试中应经常检查满度及“∞”，以保证仪器的测试精度。

4. 高阻测量

（1）将被测试样，用测量电缆线和导线接至 R_X测试端钮和高压接线柱。

（2）将测试电压选择开关置于所需要的测试电压挡，对于聚合物材料，一般先选 100V，测不到时再转 250V、500V、1000V。

（3）将“放电-测试”开关置于测试挡，短路开关仍置于“短路”档，对试样经一定时间的充电后（视试样电容量大小而定，一般为 15s，电容最大时，可适当延长充电时间），即可将输入短路开关打开，1min 后读取电阻值（在测试绝缘电阻时，如发现指针有不断上升的现象，这是由介质的吸收现象所致，若在很长时间内未能稳定，一般情况下是取其合上测试开关后 1min 分钟时的读数，作为试样的绝缘电阻值），若发现指针很快打出满度，则立即将输入短路开关拨到“短路”“放电-测试”开关拨到放电位置，待查明原因进行测试。

（4）当输入短路开关打开后，如发现表头无读数，或指示很小。可将倍率开关升高一挡，并重复“2”“3”的操作步骤，这样逐挡升高，倍率开关直至读数清晰为止（尽量取在仪表刻度上 1～10 的那段刻度）。

（5）将仪表上的读数（单位为兆欧）乘以倍率开关所指示的倍率及测试电压开关所指的系数（10V 为 0.01；100V 为 0.1；250V 为 0.25；500V 为 0.5；1000V 为 1）即为被测试样的绝缘电阻值。

（6）读完数值后，立即将输入短路开关拨向上方，并将“放电测试”开关转至“放电”2min 后再重新进行测量，至少测三个数据，若数值不稳，应再测几个数据，取三个接近的数值进行平均。

（7）R_s 和 R_v 的测试方法完全相同，只要将旋扭扭向及 R_s 或及 R_v，所测结果就是对应的数值。

（8）一个试样测试完毕，即将“放电-测试”开关拨到“放电”位置，输入短路开关拨到“短路”位置，取出试样，对电容量较大的试样（约在 0.01μF 以上者）需经一分钟左右的放电，方能取出试样，否则测试者将受到电容中残余电荷的袭击中。

（9）然后进入下一个试样的测试，具体操作步骤如前。

（10）仪器使用完毕后，应先切断电源，并将面板上各开关恢复到测试前的位置。拆除所有接线，将仪器安放在保管处。

5. 数据记录与处理

（1）记录测试温度、湿度。

（2）对试样测量三个点的厚度值，取其平均值，精确到 0.01mm。

（3）比体积电阻 ρ_v 测定记录及计算。

（4）比表面电阻 ρ_s 测定记录及计算。

试样名称：

序号	测试电压/V	倍率	仪表面板读数（单位）	R_v/Ω	$\rho_v/\Omega\cdot cm$

试样名称：

序号	测试电压/V	倍率	仪表面板读数（单位）	R_s/Ω	ρ_s/Ω

五、注意事项

一个试样测试完毕，即将“放电-测试”开关拨到“放电”位置，输入短路开关拨到“短路”位置，取出试样，对电容量较大的试样（约在 0.01μF 以上者）需经一分钟左右的放电，方能取出试样，否则测试者将受到电容中残余电荷的袭击。

六、思考题

1. 为什么规定在测试 1min 后读取电阻值？

2. 结合试样讨论影响 R_v 和 R_s 的因素。

实验二十七　裂解气相色谱法测定共聚物的组成

一、实验目的

1. 了解裂解气相色谱法用于聚合物分析的原理；
2. 掌握裂解气相色谱法测定共聚物组成的实验方法。

二、实验原理

裂解气相色谱法（Pyrolysis Gas Chromatography，PGC）由裂解装置和气相色谱仪相连接而成的一种现代分析技术。聚合物样品放在裂解器内，在无氧的条件下，用加热或光照的方法，使样品迅速地裂解成可挥发的小分子，直接用气相色谱分离和鉴定这些小分子。

自从 1954 年第一次采用裂解色谱法研究聚合物以来，应用范围越来越广。它可以用来对聚合物定性鉴别；鉴别共聚物和共混物，对共聚物或共混物的组分进行定量分析；测定聚合物链段结构和序列分布，测定交联度等。与其他方法（红外，核磁、质谱）相比，具有以下特点：①快速灵敏，实验花时少，样品用量极少（一般在微克至毫克级）。②样品可以直接进样分析，可以分析不熔不溶的固化树脂，硫化橡胶等材料。③仪器设备简单、价廉、易于普及。

烯烃类聚合物热裂解反应机理大致有如下三种类型：

1. 有规链裂解（或称解聚裂解）　分子链节中含有季碳原子（如聚甲基丙烯酸甲酯、聚 α-甲基苯乙烯）或分子主链上很少含有氢原子等一类聚合物，当其引发形成自由基后，由于自由基较稳定，不发生链转移，而只能像“开拉链”（unzip）那样按链反应方式迅速解聚，产物几乎全部为单体。

2. 非链断裂　聚合物侧链上具有取代基时，由于其键能较小，在主链 C—C 未断裂前先发生消除反应形成主链上一系列双键。随着 C—C 链断裂，具有共轭结构的裂解碎片发生环化反应而生成苯或其他环状化合物。聚氯乙烯、聚乙酸乙烯酯、聚乙烯醇等的裂解均属于这类反应，例如聚氯乙烯受热裂解时先脱去氯化氢，接着 C—C 键断裂，裂解碎片环化反应，因此，其裂解的产物中有大量的苯，而氯乙烯单体的产率反而很低。

3. 主链上 H 原子没有或很少被取代的烯烃聚合物，如聚乙烯、聚丙烯等。

由于裂解产生的自由基很不稳定，因而容易通过夺取氢原子传递了自由基的活性，随之进一步发生断链。这种链转移既可以在分子内发生，也可以在分子间发生，使裂解产物复杂化，结果得到一系列碳数不同的烯烃产物，单体产率很低。除了上述三种类型外，聚丁二烯、聚苯乙烯虽不完全遵循自由基链反应方式解聚，但前者主链中双键 β 位置键能较弱，受热时断裂的可能性较大；后者由于苯环的电子效应，使得 α 位置自由基相对稳定，所以两者裂解亦能产生部分单体。

杂链高聚物的裂解，由于杂原子与碳原子之间的键能比 C—C 键能小，形成主链上的弱点，如尼龙、涤纶、聚砜等，它们分子的主链上分别含有 C—N 键、C—O 键和 C—S 键，裂解时首先在这些键处断裂。例如尼龙 6，在 C—N 键处断裂，生成单体己内酰胺。

至于共聚物的裂解，基本上也是按照上述规律进行。由于共聚物单体在共聚物链中的排列有不同方式，如嵌段、接枝、无规等，共聚物受热裂解的机理和产物分布也不一样。可以根据其裂解方式的不同来鉴别共聚物和共混物，是嵌段共聚物、无规共聚物还是接枝共聚物。

以上裂解机理表明，聚合物总是按照某种方式裂解产生一定的小分子。而裂解产物不仅反映原来聚合物的结构特征，也和原聚合物在数量上保持对应关系。不管共聚物裂解反应多么复杂，结果都能定量地产生相应的单体或其他特征碎片，而且单体或其他特征碎片的得率与单体在共聚物中的组成有着简单的函数关系。因此。我们可以从单体或特征碎片的产率来计算共聚物的各组分含量。

在裂解色谱的定量分析中，最常用的是特征峰测量法。它是从图谱中选择 n 个易于测量的峰（量出其面积 A 或高度 H），以特征峰在其中所占的百分比（$A_{特征}/\sum^{n}A$），或特征峰之间的相对比值（$A_{特征(1)}/A_{特征(2)}$）作为参考，找出样品中的定量关系。如甲基丙烯酸甲酯（M）与苯乙烯（S）共聚物裂解（图 27 - 1），可选择两者的单体峰作为表征，以 $A_M/(A_M+A_S)$ 对共聚物组成作图，可得定量曲线图（图 27 - 2）。据此求知待测样品组分含量。

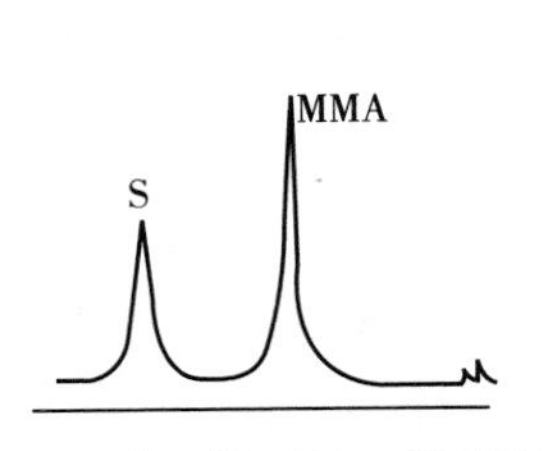

图 27 - 1　苯乙烯（S）-甲基丙烯酸甲酯（MMA）共聚物的裂解谱图

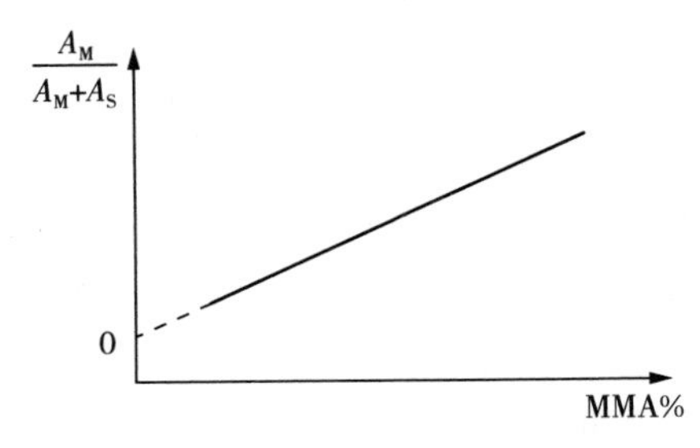

图 27 - 2　苯乙烯（S）-甲基丙烯酸甲酯（MMA）共聚物的裂解谱定量曲线

4. 影响裂解的因素及裂解器

裂解色谱法虽然操作简便，但是影响实验结果的因素却很多，归纳起来，主要是裂解温度、升温时间、二次反应、样品的形态和用量、载气的影响。

裂解产物的组成和分布强烈地依赖于裂解温度，因此选择恰当的裂解温度是十分重要的。一般来说，温度过低，裂解速度慢，副反应多，特征裂片产率低；温度过高，低碳数非特征裂片迅速增多，实验重复性差。如果将样品依次在不同温度下裂解，比较所得结果，以确定能最大限度显示样品特征的实验温度。例如以单体裂片作为聚苯乙烯的特征时，750℃裂解所得苯乙烯的产率最高；而对于聚甲基丙烯酸甲酯，则 500℃裂解时单体特征最为明显。若分析两者的共混物，应选择 600～650℃为好，如图 27－3 所示。不同聚合物的裂解温度不同，这与分子链中的键能有关，每一聚合物都可以找到其最佳的裂解温度，即在这一温度裂解其单体或特征产物的得率最高。

升温时间（Temperature Rise Time，TRT）指样品达到裂解温度所需时间。在高温下聚合物瞬间即可裂解，如聚苯乙烯在 550℃分解样品一半只需 10^{-4} s。往往未达到裂解温度之前已开始在一系列温度下裂解，导致裂解产物复杂，重现性差，因而要求升温时间越短越好。样品在裂解温度下停留的时间过长，这必然会增加碎片之间的二次反应。使结果更加复杂，甚至特征产物消失。因此要尽可能缩短裂解时间，样品量约 70μg 为宜，量大裂解产物浓度大，使二次反应增加，过少因材料的不均一性而缺乏代表性，特别是复合材料。

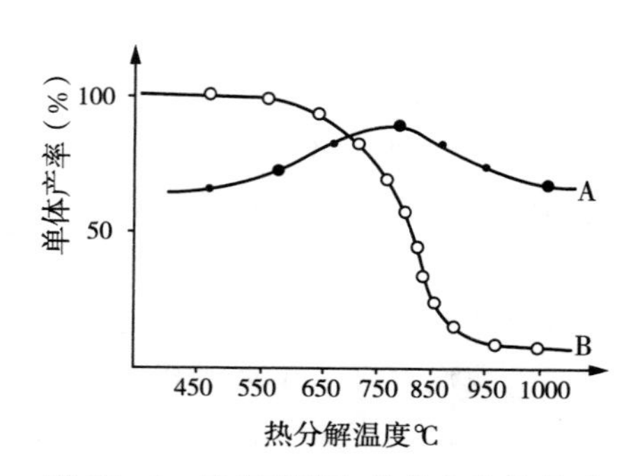

图 27－3　裂解温度与单体产率的关系

A—聚苯乙烯；B—聚甲基丙烯酸甲酯

样品形状也影响特征碎片得率，如 20μm 的 PS 薄膜比 40μm 膜单体得率高很多，这与热传导使 TRT 减少有关。载气的热传导率对二次反应和 TRT 也有明显影响，N_2与 He 相比，He 的热传导率比 N_2大六倍，它可使样品 TRT 减少，裂片迅速变冷，避免二次反应。

载气流速也影响裂片在热区的滞留时间。

裂解器的结构要求温度可任意调节和测量，升温速率高且能稳定控制，死体积小，裂解产物应迅速离开热区等。目前用于高聚物的裂解器主要有热丝、居里点、激光和管式炉等裂解器。热丝裂解器制作简单，温度范围广（10^3℃），能连续调节，主要是由金属丝（铂或镍铬）和石英玻璃管加工而成。样品溶解后涂敷在热丝上。缺点是升温速度较慢（TRT为5～25s）。近来改用电容升温TRT可以降到2～1ms，但装置复杂。居里点裂解器是用高频感应加热，升温快（TRT20～200ms），环境温度低，二次反应少，死体积小，是目前所有裂解器中重现性最好的，其缺点是不同组成的磁铁裂解丝只能提供有限的几个裂解温度。激光裂解器使样品裂解在瞬时完成，TRT仅0.1～0.5ms，比其他裂解方式都快，样品量极微，死体积小，但还有许多问题尚待解决。首先是裂解温度过高又难于调节和测量。此外，样品的色泽、形状、表面和放置位置之差别，使样品吸收能量会有很大不同。再则，由于激光透入深度有限，除表面层以外的其他部分样品仍是通过热传导而发生裂解。

本实验采用管式炉裂解器，样品放在铂舟内，当炉温达平衡后，便将样品推入炉内（热区）。炉温可连续调节、稳定控制、准确测量，试样不受任何限制，薄片、颗粒、液体都可直接进样。缺点是样品TRT比较长，死体积大。裂解产物不能瞬息移出热区而产生二次反应。现将石英管后半截的内径变细至1.5mm，以此来减小热区的体积。实验证明裂解谱图的重现性是好的，其构造见图27-4。

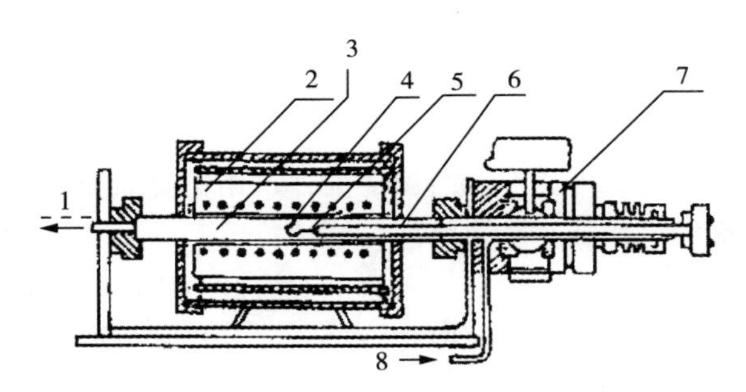

图27-4　管式炉裂解器

1—色谱柱；2—电热炉；3—裂解室；4—样品；5—热电偶；6—进样器；7—阀；8—载气

三、仪器与试样

带有管式炉裂解器的GC4004型气相色谱仪。

甲基丙烯酸甲酯-苯乙烯共聚物样品（3个已知标准样，一个未知样）。

四、实验步骤

1. 装柱（此步骤已由准备室完成）

称取固定相聚二甲基硅氧烷（SE-30），重量为担体重量的15%，溶于氯仿。硅烷化的102白色色谱担体（60～80目）10g与上述溶液充分混合，置于红外灯下搅拌加热使溶剂挥发，干燥后装柱。不锈钢柱一端塞上玻璃棉，用纱布包裹柱端连接真空泵，抽气下将载体吸入柱中，同时用木棍轻击柱子至装满，塞上玻璃棉装填好的色谱柱装入层析室，抽气一端连在靠近鉴定器一边，通入 N_2气检漏，在 80℃下老化 4h。

2. 分析操作

(1) 开氮气，气源压力 0.2MPa，主机载气压力 0.3MPa，柱前压 B 可调流量，载气（N_2）流量调节到 20mL/min。

(2) 开主机电源开关，设置柱箱 80℃、气化温度 120～150℃，保护温度要比柱箱温度高 20～30℃，热导温度可设为室温。

(3) 待柱箱温度升到后，开空气气源，使气源压＞0.2MPa，主机的空气压力为 0.2MPa，氢气的气源压力＞0.1MPa，氢气 B 压力为 0.04MPa。

(4) 开气 10 分钟后，把灵敏度放置在最低挡，按点火开关 5 秒钟左右，如点火困难，可把空气的压力从 0.2MPa 调到 0.1MPa，重新按点火开关，火点着后，再将空气的压力从 0.1MPa 调回到 0.2MPa。

(5) 火点着后，把灵敏度放置在适当的位置，选择适当的衰减。

(6) 打开计算机进入 A4800 工作站，把通道切换到 B 通道，设置适当的参数，看基线是否稳定，稳定后可进样分析。

(7) 打开裂解炉电源开关，加热至 600℃，开始设置 10mV，然后分步增加至所需炉温，并恒定。

(8) 推杆拉出球阀，再关上，后旋下推杆，用铂舟取少量（0.5mg 以下）样品，旋开球阀用推杆将样品送至预热区（管炉口）。

(9) 平稳而迅速地将样品铂舟推入炉中的热区中心，同时启动测试按钮，待最后一个色谱峰出全后，将推杆拉回管炉口，冷却片刻再取出。

(10) 重新装样，重复上述操作。测 3 个标准物及未知的共实物。

(11) 关机：关空气、关氢气，把灵敏度放置低档，按总清键，打开柱箱，温度降至室温，关氮气，关电源，关电脑。

(12) 数据处理分别检测裂解产物甲基丙烯酸甲酯峰和苯乙烯峰的面积，以 $A_M/(A_M+A_S)$－MMA%作图，得裂解色谱定量工作曲线。再在该工作线上找出未知样的相应组成。

五、注意事项

在不便取得标准共聚样时，可用共混样代替。

六、思考题

1. 聚合物的裂解有哪几种类型？
2. 如何避免产生二次反应？

附录三 常用数据表

表 1 聚合物的玻璃化转变温度（T_g）

聚合物	T_g/℃	聚合物	T_g/℃
线性聚乙烯	−68	聚丙烯酸甲酯	3
全同聚丙烯	−10	聚丙烯酸	106
无规聚丙烯	−20	全同聚甲基丙烯酸甲酯	45
顺式聚异戊二烯	−73	间同聚甲基丙烯酸甲酯	115
反式聚异戊二烯	−60	无规聚甲基丙烯酸甲酯	105
聚二甲基硅氧烷	−123	聚甲基丙烯酸乙酯	65
聚苯乙烯	100	聚氯乙烯	87
聚 α-甲基苯乙烯	192	聚碳酸酯	150
聚邻甲基苯乙烯	119	聚对苯二甲酸乙二酯	69
聚间甲基苯乙烯	72	聚对苯二甲酸丁二酯	40
聚对甲基苯乙烯	110	聚苯醚	220

表 2 结晶聚合物的熔点（T_m）

聚合物	T_m/℃	聚合物	T_m/℃
聚乙烯	146	聚偏氟乙烯	210
聚丙烯（等规）	200	聚四氟乙烯	327
聚 1-丁烯（等规）	138	聚己内酰胺	270
顺式聚 1，4 丁二烯	11.5	聚己二酰己二胺	280
反式聚 1，4 丁二烯	142	聚对苯二甲酸乙二醇酯	280
聚苯乙烯（等规）	243	聚对苯二甲酸丁二醇酯	230
聚氯乙烯（等规）	212	聚对苯二甲酸癸二醇酯	138
聚偏氯乙烯	198	聚双酚 A 碳酸酯	295

表 3　聚合物特性黏数－分子量关系 $[\eta]=KM_\eta^\alpha$ 参数表

聚合物	溶剂	温度/℃	$K\times10^3$ /ml·g^{-1}	α	相对分子量范围 $M\times10^{-4}$	测定方法
聚氯乙烯	环己酮	20	11.6	0.85	2～10	OS
聚氯乙烯	环己酮	25	2.04	0.56	1.9～15	OS
聚氯乙烯	四氢呋喃	20	3.63	0.92	2～17	OS
聚氯乙烯	四氢呋喃	25	49.8	0.69	4～40	LS
聚氯乙烯	四氢呋喃	30	63.8	0.65	3～32	LS
聚苯乙烯	苯	20	6.3	0.78	1～300	SD
聚苯乙烯	苯	25	9.18	0.743	3～70	LS
聚苯乙烯	氯仿	25	11.2	0.73	7～150	OS
聚苯乙烯	氯仿	30	4.9	0.794	19～273	OS
聚苯乙烯	甲苯	20	4.16	0.78	4～137	SD
聚苯乙烯	甲苯	25	13.4	0.788	7～150	LS
聚甲基丙烯酸甲酯	氯仿	20	9.6	0.78	1.4～60	OS
聚甲基丙烯酸甲酯	氯仿	25	4.8	0.80	8～140	LS
聚甲基丙烯酸甲酯	苯	20	8.35	0.73	7～700	SD
聚甲基丙烯酸甲酯	苯	25	4.68	0.77	7～630	LS
聚甲基丙烯酸甲酯	丙酮	20	5.5	0.73	4～800	SD
聚甲基丙烯酸甲酯	丙酮	25	7.5	0.70	2～740	LS，SD
聚甲基丙烯酸甲酯	丙酮	30	7.7	0.70	6～263	LS
聚乙烯醇	水	25	59.6	0.63	1.2～19.5	黏度
聚乙烯醇	水	30	66.6	0.64	3～12	OS
聚环氧乙烷	水	30	12.5	0.78	10～100	S
聚环氧乙烷	水	35	16.6	0.82	0.04～0.4	E

注：测量方法一栏中，OS 代表渗透压，LS 代表光散射，E 代表端基滴定，SD 代表超离心沉降和扩散。

表 4　结晶性聚合物的密度参数

聚合物	ρ_c（g/cm^3）	ρ_a（g/cm^3）
高密聚乙烯	1.00	0.85
聚丙烯	0.95	0.85

（续表）

聚合物	ρ_c（g/cm³）	ρ_a（g/cm³）
聚苯乙烯	1.13	1.05
聚甲基丙烯酸甲酯	1.23	1.17
聚碳酸酯	1.31	1.20

表 5　水密度表

T（℃）	+0.0	+0.1	+0.2	+0.3	+0.4	+0.5	+0.6	+0.7	+0.8	+0.9
20	998.2	998.2	998.2	998.1	998.1	998.1	998.1	998.1	998.0	998.0
21	998.0	998.0	997.9	997.9	997.9	997.9	997.9	997.8	997.8	997.8
22	997.8	997.7	997.7	997.7	997.7	997.7	997.6	997.6	997.6	997.6
23	997.5	997.5	997.5	997.5	997.4	997.4	997.4	997.4	997.3	997.3
24	997.3	997.3	997.2	997.2	997.2	997.2	997.1	997.1	997.1	997.1
25	997.0	997.0	997.0	997.0	996.9	996.9	996.9	996.9	996.8	996.8
26	996.8	996.8	996.7	996.7	996.7	996.6	996.6	996.6	996.6	996.5
27	996.5	996.5	996.4	996.4	996.4	996.4	996.3	996.3	996.3	996.3
28	996.2	996.2	996.2	996.1	996.1	996.1	996.1	996.0	996.1	997.0
29	995.9	995.9	995.9	995.9	995.8	995.8	995.8	995.8	995.7	995.7
30	995.6	995.6	995.6	995.6	995.5	995.5	995.5	995.4	995.4	995.4
31	995.3	995.3	995.3	995.2	995.2	995.2	995.2	995.1	995.1	995.1
32	995.0	995.0	995.0	994.9	994.9	994.9	994.8	994.8	994.8	994.7
33	994.7	994.7	994.6	994.6	994.6	994.5	994.5	994.5	994.4	994.4
34	994.4	994.3	994.3	994.3	994.2	994.2	994.2	994.1	994.1	994.1
35	994.0	994.0	994.0	993.9	993.9	993.9	993.8	993.8	993.8	993.7

表 6　水黏度表

T/（℃）	20	25	30	35	40	45
η/mPa·s	1.0050	0.8937	0.8007	0.7225	0.6560	0.5988

参考文献

1. 杨海洋，朱平平，何平笙．高分子物理实验（第二版）[M]．合肥：中国科学技术出版社，2008.

2. 王国建，肖丽．高分子基础实验[M]．上海：同济大学出版社，1999.

3. 华幼卿，金日光．高分子物理（第四版）[M]．北京：化学工业出版社，2013.

4. 何曼君，张红东，陈维孝，董西侠．高分子物理（第三版）[M]．上海：复旦大学出版社，2007.

5. 刘建平，郑玉斌．高分子科学与材料工程实验[M]．北京：化学工业出版社，2005.

6. 李谷，符若文．高分子物理实验（第二版）[M]．北京：化学工业出版社，2015.

7. 邵毓芳，嵇根定．高分子物理实验[M]．南京：南京大学出版社，1998.

8. 闫红强，程捷，金玉顺．高分子物理实验[M]．北京：化学工业出版社，2012.

实验二十八　天然橡胶的混炼

一、实验目的

1. 掌握橡胶制品配方设计的基本知识；

2. 了解橡胶加工主要机械设备开炼机的基本结构，掌握其操作方法；

3. 掌握天然橡胶的塑炼、混炼工艺。通过实验掌握影响橡胶塑炼、混炼效果的因素。

二、实验原理

生胶是橡胶弹性体，属线型高分子化合物。高弹性是它的最宝贵的性能，但是过分的强韧高弹性会给成型加工带来很大的困难，而且即使成型的制品也没有实用的价值，因此，它必须通过一定的加工程序，才能成为有使用价值的材料。

不管是天然的还是合成的生胶，其加工程序不外乎是干胶工艺和乳胶工艺两条工艺路线，其中又以干胶工艺应用得最多，最为广泛，其工艺流程如下：

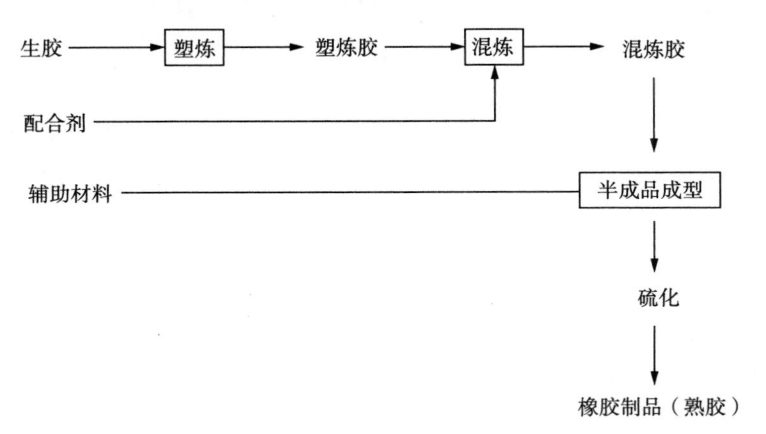

图 28－1　橡胶制品工艺流程示意图

塑炼和混炼是橡胶加工中两个重要的工艺过程，通称炼胶，其目的是要获得具有柔软可塑性、具有一定使用性能、可用于成型的胶料。

生胶的分子量通常都是很高的，从几十万到百万以上。过高的分子量带来的强韧高弹性给加工带来困难，必须使之成为柔软可塑性状态才能与其他配合剂均匀混合，这就是需要进行塑炼。塑炼可以通过机械的、物理的或化学的方法来完成。机械法是依靠机械剪切力的作用助以空气中的氧化作用使生胶大分子降解到某种程度，从而使生胶弹性下降而可塑性得到提高，目前此法最为常用。物理法是在生胶中充入相容性好的软化剂，以削弱生胶大分子的分子间力而提高其可塑性、目前以充油丁苯橡胶用得比较多。化学塑炼则是加入某些塑解剂，促进生胶大分子的降解，通常是在机械塑炼的同时进行的。

本实验是天然橡胶的加工，选用开放式炼胶机进行机械法塑炼。天然生胶置于开炼机的两个相向转动的辊筒间隙中，在常温（小于 50℃）下反复被机械作用，受力降解；与此同时降解后的大分子自由基在空气中氧的作用下，发生了一系列力化学反应，最终可以达到一定的可塑度。生胶从原来的强韧高弹性变为柔软可塑性，满足混炼要求。塑炼的程度和塑炼的效率主要与辊筒的间隙和温度等因素有关，若间隙愈小、温度愈低，力化学作用愈大，塑炼效率就愈高。此外，塑炼的时间及是否加入塑解剂也会影响塑炼的效果。

生胶塑炼的程度是以塑炼胶的可塑度来衡量的，塑炼过程中可取样测量，不同的制品要求具有不同的可塑度，应该严格控制，过度塑炼是有害的。

随着合成橡胶工业的发展，为了适应橡胶加工的需要，目前国内外合成橡胶工业上在聚合反应时严格控制聚合物的分子量，使生胶具有一定的可塑性；这便可以省去塑炼工序，此时炼胶就仅限于生胶与配合剂的混炼了。但是，由于橡胶制品种类繁多，胶料的配方和成型工艺过程不同，对胶料可塑度的要求差异是很大的，所以，在大多数的情况下，塑炼仍然是必要的。本实验的天然橡胶加工，塑炼是必不可少的。

混炼是在塑炼胶的基础上进行的又一个炼胶工序，本实验也是在开炼机上进行的。为了获得具有一定可塑度且性能均匀的混炼胶，除了控制辊距的大小、适宜的辊温（小于 90℃）之外，还必须注意按一定的加料程序：即量小难分散的配合剂先加到塑炼胶中，让它有较长的时间分散；量大的配合剂则后加；硫黄用量虽少，但应最后加入，因为硫黄一旦加入，便可能发生硫化反应。过长的混合时间将使胶料的工艺性能变坏，于其后的半成品成型及硫化工序都不利。不同的制品及不同的成型工艺要求混炼胶的可塑度、硬度等都是不同的。混炼过程要随时抽样测试，并且要严格混炼的工艺条件。

三、实验用主要仪器设备及原料

1. 实验用仪器设备

(1) XK－160A 型双辊开炼机

主要技术参数：

辊筒工作直径	160mm
辊筒工作长度	320mm
辊筒转速	17.8r/min（前辊）；24r/min（后辊）
最大辊距	5mm
最小压片厚度	0.2mm
加料量	100～1000g

(2) 电子天平

2. 实验用原材料

天然橡胶、硫黄、氧化锌、硬脂酸、促进剂、补强剂等（具体视配方确定）

基本配方示例：

材料名称	质量份数
天然橡胶	100.0
硫黄	2.5
促进剂 M	1.5
促进剂 DM	0.5
硬脂酸	2.0
氧化锌	5.0
轻质碳酸钙	40.0
石蜡	1.0
防老剂 4010NA	1.0
着色剂	0.1
合计	153.6

四、实验步骤

1. 配料

按配方准备原材料，准确称量并复核备用。

2. 生胶塑炼

(1) 在教师指导下，按机器的操作规程开动开放式炼胶机，观察机器是否运转正常。

（2）破胶：调节辊距至1.5mm左右，在靠近大牙轮的一端操作，以防损坏设备。生胶碎块依次连续投入两辊之间，不宜中断，以防胶块弹出伤人。

（3）薄通：胶块破碎后，将辊距调到约0.5mm，辊温控制在45℃左右（用自来水降温）。将破碎后的橡胶在大牙轮的一端加入，使之通过辊筒的间隙，胶片直接落到接料盘内。当辊筒上已无堆积胶时，将胶片扭转90°重新投入到辊筒的间隙中，继续薄通到规定的次数为止。

（4）捣胶：将辊距放宽至1.0mm，使胶片包辊后，手握割刀从左向右割至近右边边缘（不要割断），再向下割。使胶料落在接料盘上，直到辊筒上的堆积胶将消失时才停止割刀。割落的胶随着辊筒上的余胶带入辊筒的右方，然后再从右向左方向同样割胶。这样的操作反复多次。

（5）辊筒的冷却：由于辊筒受到摩擦生热，辊温会升高，应经常以手触摸辊筒，若感到烫手，则适当通入冷却水，使辊温下降，并保持不超过50℃。

（6）经塑炼的生胶称塑炼胶，塑炼过程要取样作可塑度试验，达到所需塑炼程度时为止。

3. 胶料混炼

（1）调节辊筒的温度在50～60℃之间，后辊较前辊略低些。

（2）包辊：塑炼胶置于辊缝间，调整辊距使塑炼胶既包辊又能在辊缝上部有适当的堆积胶。经2～3分钟的辊压、翻炼后，使之均匀连续地包裹在前辊筒上，形成光滑无隙的包辊胶层。取下胶层，放宽辊距至1.5mm左右，再把胶层投入辊缝使其包于前辊，然后准备加入配合剂。

（3）吃粉：不同配合剂要按如下顺序分别加入。

① 首先加入固体软化剂，这是为了进一步增加胶料的塑性以便混炼操作；同时因为分散较困难，先加入是为了有较长时间混合，有利于分散。

② 加入促进剂、防老剂和硬脂酸。促进剂和防老剂用量少，分散均匀度要求高，也应较早加入多混些时间，有助于分散。此外，有些促进剂如DM类对胶料有增塑效果，早些加入利于混炼。防老剂早些加入也可以防止混炼时可能出现温升而导致的老化现象。硬脂酸是表面活性剂，它可以改善亲水性的配合剂和高分子之间的湿润性，当硬脂酸加入后，就能在胶料中得到良好的分散。

③ 加入氧化锌。氧化锌是亲水性的，在硬脂酸之后加入有利于其在橡胶中的分散。

④ 加入补强剂和填充剂。这两种助剂配比较大，要求分散好本应早些加入，但由于混炼时间过长会造成粉料结聚，应采用分批、少量投入法，而且需要相当长的时间才能逐步混入到胶料中。

⑤ 液体软化剂具有润滑性，又能使填充剂和补强剂等粉料结团，不宜过早加入，通常要在填充剂和补强剂混入之后才加入的。

⑥ 硫黄是最后加入的，这是为了防止混炼过程出现焦烧现象，通常在混炼后期加入。但对于丁腈胶混炼，硫黄则宜早些加，因为它在丁腈胶中分散尤其困难。再者，在配方中的硫黄用量高达30～50份的硬质胶中，如果最后加入，在较短时间内是难以分散均匀的，而混炼时间过长又易引起焦烧，在此情况下，可以先加硫黄混匀，最后才加入促进剂，即促进剂和硫黄必须前后分开加入。

吃粉过程每加入一种配合剂后都要捣胶两次。在加入填充剂和补强剂时要让粉料自然地进入胶料中，使之与橡胶均匀接触混合，而不必急于捣胶；同时还需逐步增大辊距，使堆积胶保持在适当的范围内。待粉料全部吃进后，进行捣胶操作促使混炼均匀。

（4）翻炼：全部配合剂加入后，将辊距调至0.5～1.0mm，通常用打三角包、打卷或折叠及走刀法等进行翻炼至符合可塑度要求时为止。翻炼过程应取样测定可塑度。

① 打三角包法：将包辊胶割开用右手捏住割下的左上角，将胶片翻至右下角；用左手将右上角胶片翻至左下角，以此动作反复至胶料全部通过辊筒。

② 打卷法：将包辊胶割开，顺势向下翻卷成圆筒状至胶料全部卷起，然后将卷筒胶垂直插入辊筒间隙，这样反复至规定的次数，至混炼均匀为止。

③ 走刀法：用割刀在包辊胶上交叉割刀，连续走刀，但不割断胶片，使胶料改变受剪切力的方向，更新堆积胶，翻炼操作通常是3～4分钟，待胶料的颜色均匀一致，表面光滑即可终止。

（5）混炼胶的称量：按配方的加入量，混炼后胶料的最大损耗为总量的0.5％以下，若超过这一数值，胶料应予报废，须重新配炼。

五、操作注意事项

1. 在开炼机上操作必须严格按操作规程进行，要求高度集中注意力。

2. 割刀时必须在辊筒的水平中心线以下部位操作。

3. 禁止戴手套操作。辊筒运转时，手不能接近辊缝处，双手尽量避免越过辊筒水平中心线上部，送料时手应作握拳状。

4. 遇到危险时应立即触动安全刹车。

5. 留长辫子的学生要求戴帽子或扎成短发后操作。

六、思考题

1. 橡胶的基本配方有哪几种表示方法?
2. 胶料配方中的促进剂为何通常不只用一种呢?
3. 混炼时配合剂的加入顺序一般应遵循什么样的原则?
4. 影响天然橡胶开炼机塑炼和混炼效果的主要因素有哪些?

实验二十九　混炼橡胶硫化特性参数的测定

一、实验目的

1. 了解硫化仪的结构原理及操作方法；
2. 了解硫化曲线测定的意义；
3. 掌握橡胶正硫化时间的确定方法。

二、实验原理

混炼橡胶在一定的温度下其物理机械性能随着硫化时间的不同有很大的变化，正化硫是指橡胶制品各种物理机械性能达到最佳值的一种状态，是综合了各种性能确定的。理论正硫化时间则是达到正硫化状态所需要的时间。欠硫或过硫，橡胶的物理机械性能都显得较差。在实际的硫化过程中，各种物理机械性能往往不会都在同一时间达到最佳状态，而制品的使用性能又往往侧重于某一两个方面，因此，可以通过测定混炼橡胶的硫化曲线，以侧重某些性能来确定最佳的正硫化时间。

硫化特性试验测定记录的是转矩值，以转矩大小画出曲线来反映胶料的硫化程度。由于橡胶的硫化过程实质是线型大分子的交联过程，因此用交联点密度的大小可以检测橡胶的硫化程度。根据弹性统计理论

$$G=\gamma RT$$

式中：G——剪切模量；

γ——交联密度；

R——气体常數；

T——绝对温度。

式中的 R、T 值是常数，故 G 与 γ 成正比，只要测出 G 就能反映交联程度。

G 与转矩 M 是存在一定线性关系的。从胶料在硫化仪的模具中受力分析可知，转子作一定角度摆动时，对腔料施加一定的作用力使之产生形变。与此同时，胶料将产生剪切力、拉伸力、扭力等。这些合力对转子将产生转矩，阻碍转子的运动，随着腔料逐渐硫化，其 G 值逐渐增加，转子摆动在固定应变的情况

下，转矩 M 也就成正比例地增加。综上所述，通过硫化仪测得胶料随时间的应力变化，即可表示剪切模量的变化，从而表示了胶料硫化过程的特征。

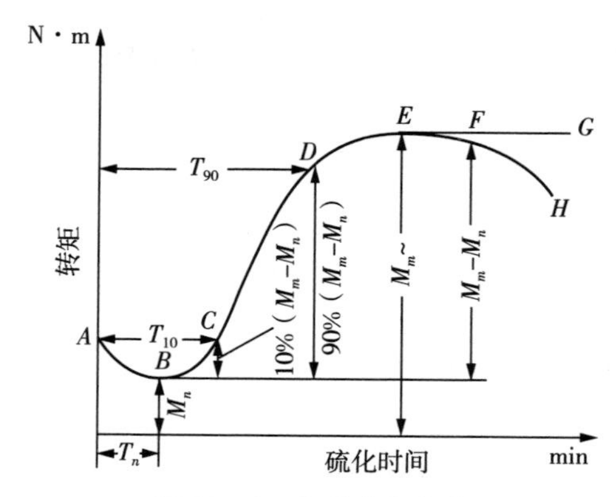

图 29-1　典型硫化曲线

M_m—最大转矩值，反映硫化胶最大交联度；M_n—最小转矩值，反映未硫化胶在一定温度下的流动性（黏度）；T_n—达最小转矩时所对应的时间；T_m—最大交联度时所对应的硫化时间；T_{10}—转矩达到 $M_n+10\%$（M_m-M_n）时所对应的硫化时间，即焦烧时间；T_{90}—转矩达到 $M_n+90\%$（M_m-M_n）时所对应的硫化时间，即正硫化时间

三、实验用主要仪器设备及原料

MDR-2000E 橡胶硫化仪主要技术参数：

控温范围：室温～200℃

升温时间：≤10min

温度波动：≤±0.3℃

力矩量程：0～10N·m

摆动频率：1.7Hz

摆动角度：±0.5°（±1°）

四、实验步骤

1. 实验前准备

（1）按实验所需，设定温度、时间；

（2）按“加热”按键，对模腔进行加热升温；

（3）准备实验胶料：试样为圆形，直径约为 38mm，厚度 4～5mm，质量约 6.5g；

（4）待上下模腔温度达到设定值并稳定后，实验即可进行。

2. 实验操作

(1) 按“开/合模”开关（开门）；

(2) 放入胶料；

(3) 将“手动/自动”开关切换到“自动”；

(4) 按“开/合模”开关（关门），实验自动开始（到达设定的时间，实验自动结束）。

3. 终止实验

在实验过程中，如果要结束正在做的实验，只要点击“曲线图”画面中的“停止”，实验即可终止。

4. 实验结束

(1) 单次实验结束后，开模，取出试样并清除模腔内的残料，将“手动/自动”开关切换到“手动”，按“合模”键保温，待做下一次实验。

(2) 全部实验结束后关机：取出胶料，清理模腔，将“手动/自动”开关切换到“手动”，合模、关闭“加热”开关，将画面返回到主画面，点击“结束”键，退出硫化仪试验状态，然后关掉仪器主机电源，再按正常顺序关电脑及其余设备。

五、操作注意事项

1. 实验时，一定要检查上下模腔内的残余胶料是否清理干净，特别是上模腔。

2. 机器如有不正常的情况出现，应及时关掉电源，以防止故障扩大。

六、思考题

1. 什么是正硫化时间、焦烧时间？

2. 影响硫化曲线的主要因素是什么？

3. 硫化曲线的测定有何实际意义？

4. 为什么说硫化特性曲线能近似地反映橡胶的硫化历程？

实验三十　橡胶门尼黏度的测定

一、实验目的

1. 了解橡胶门尼黏度仪的结构原理及操作方法；
2. 测定胶料的门尼黏度。

二、实验原理

生胶和胶料黏度的测定方法很多。根据测定方法的不同，表示方法及其物理意义也不相同。在工业生产中，各国都普遍采用门尼黏度计来测定。门尼黏度计又叫转动黏度计，用它测得的黏度就叫门尼黏度或转动黏度（图 30-1）。

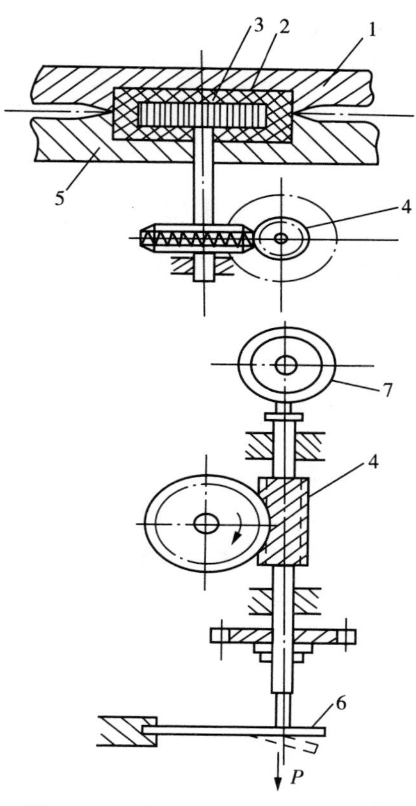

图 30-1　门尼黏度计结构示意图

1—上密闭室；2—胶料；3—转子；4—蜗杆；5—下密闭室；6—弹簧板；7—百分表

从门尼黏度的大小可以预知物料加工性能的好坏。门尼黏度高，说明物料的可塑性小，反之则可塑性大。门尼黏度过大的生胶不容易塑炼，胶料也不容易混炼均匀，其加工流动性和挤出性能也差；门尼黏度过小，则生胶和胶料在加工时容易发生粘辊现象，还会降低硫化胶的力学性能。

门尼黏度计除了可以测定生胶和混炼胶胶料的黏度外，还可以用来测定混炼胶胶料的硫化特性——门尼焦烧。

1. 原理

门尼黏度计是根据溶液的流体力

学原理设计的。门尼黏度实际上是指生胶或混炼胶料在100℃温度下对黏度计转子转动所产生的剪切阻力，通常用ML100（1+4）来表示（M表示门尼黏度；L表示为大转子；1表示预热1min；4表示转子转动时间为4min)。

2. 结构

试样模型又称密闭室或模腔，由上、下两部分组成，工作时紧密闭合在一起形成模腔，模腔的平面上有两组相互垂直的矩形断面的沟槽，侧面上有与转子轴线平行的矩形断面沟槽。上、下模分别由电热丝加热，室内温度可自动控制。试验温度通常控制在100℃±1℃，并通过压缩弹簧加压，压力为3.4～5.9MPa。上、下模腔分别固定在上、下电热平板上。

门尼黏度计的转子有大小两种规格，直径分别为38.1mm和30.48mm。测试门尼黏度时一般使用大转子，当测试高黏度的胶料时，允许使用小转子。使用小转子所得的试验结果与用大转子所得的结果是不相等的，但在比较试样性能时却能得出相同的结论。

转子的上、下面上有两组相互垂直的矩形沟槽，侧面上有与其轴线平行的沟槽。转子固定在转动轴上，当模腔密闭时，轮子的上、下平面与模腔的内表面之间的间隙相差不得大于0.25mm；转动时转子的偏心率应不大于0.13mm。转子轴与下模腔中心孔之间的孔隙应足够小，并加有密封圈，以防漏料。试验时转子的转速为2.00±0.02r/min。

胶料的黏度由扭矩的大小表示。扭矩则通过蜗杆传递至弹簧板，并使之产生变形，其形变大小在百分表上显示出来。故百分表的读数既是弹簧板的形变量，又是胶料对转子转动剪切作用的阻力矩。施于转子轴上84.6±0.2N·m的转动力矩为100个门尼黏度值单位（100个转动黏度值)。改进后的自动记录转动黏度计，其弹簧的形变量可直接通过传感元件、差动变压器进行。

三、实验用主要仪器设备

MV2-90E橡胶门尼黏度仪的主要技术参数：

控温范围：室温～200℃

控温精度：≤±0.5℃

升温时间：≤12min

力矩量程：0～200门尼值

力矩显示：0.1个门尼值

转子转速：2r/min

四、实验步骤

1. 打开压缩空气气源（$P\geqslant 0.5$MPa)。

2. 打开主机电源开关，再打开电脑，启动“电脑型门尼硫化仪”。

3. 设定实验温度和实验时间及其他有关信息资料。

4. 加热升温。

5. 准备胶料（直径 45mm、厚度 6～8mm 上下两片，下片冲直径 10mm 孔）和高温隔离膜。

6. 待上下模温稳定后即可实验。步骤如下：

（1）开模；

（2）放入胶料；

（3）合模，待合模标志变为绿灯后按“实验开始”（如在合模之前，“自动实验”勾选，则无须按“开始实验”），实验开始；

（4）实验结束后，开模—取出转子—清除胶料—放回转子—合模—保温—待做下一轮实验。

7. 全部实验结束后（必须取出胶料，转子放入模腔内），合模，关闭加热，再关闭电脑，最后关门尼仪主机电源，关掉压缩空气。

五、操作注意事项

1. 实验时，一定要检查上下模腔内的残余胶料是否清理干净。

2. 机器如有不正常的情况出现，应及时关掉电源，以防止故障扩大。

六、思考题

1. 做门尼黏度实验时，如何选择转子的大小？

2. 焦烧时间 t_5 表示什么意思？

实验三十一　天然橡胶的硫化成型

一、实验目的

1. 熟悉橡胶加工全过程和橡胶制品模型硫化工艺；
2. 了解平板硫化机等基本结构，掌握其设备的操作方法。

二、实验原理

本实验要求制取天然橡胶硫化胶片，其成型方法采用模压法，通常又称为模型硫化。它是将一定量的混炼橡胶置于模具的型腔内，通过平板硫化机在一定的温度和压力下成型，同时经历一定时间进行适当的交联反应，最终取得制品的过程。

天然橡胶是异戊二烯的聚合物，大分子的主链上有双键，硫化反应主要发生在大分子间的双键上。其机理简述如下：在适当的温度，特别是达到了促进剂的活性温度下，由于活性剂的活化及促进剂的分解成游离基，促使硫黄成为活性硫，同时聚异戊二烯主链上的双键打开形成橡胶大分子自由基。活性硫原子作为交联键桥使橡胶大分子交联起来而成为立体网状结构，双键处的交联程度与交联剂硫黄的用量有关，硫化胶作为立体网状结构并非橡胶大分子所有的双键处都发生了交联。交联度与硫黄的量基本上是成正比的关系，所得的硫化胶制品实际上是松散的、不完全的交联结构。成型时施加一定的压力有利于活性点的接近和碰撞，促进了交联反应的进行；也利于胶料的流动，以便取得具有适宜的密度和与模具型腔相符的制品。硫化过程要保持一定的时间，主要是由胶料的工艺性能来决定的，也是为了使交联反应达到配方设计所要求的程度。硫化过后，不必冷却即可脱模，模具内的胶料已交联定型为橡胶制品。

三、实验用主要仪器设备及原料

1. 本实验用主要设备为 250kN 电热平板硫化机，250kN 平板硫化机是电动油压机，有两个工作层。平板压机是模压成型时通过模具对胶料施加压力和提供热源的设备，可用于橡胶和塑料等压制成型。

主要技术参数：

最大压力	250kN
工作液最大压强	14.5MPa
工作平板面积	350mm×350mm
平板单位面积压力	2MPa
工作层数	2层
工作层间距	75mm
工作平板加热功率	2.4kW
最高工作温度	200℃
油缸活塞直径	150mm

2. 硫化试片专用模具

四、实验步骤

成型实验是要制备2mm厚的硫化胶片，供机械性能测试用。模型硫化是在250kN平板硫化机上进行的，模型则是型腔尺寸为120mm×120mm×2mm的橡胶标准试片用的平板模。

1. 混炼胶试样的准备

混炼胶首先经开炼机热炼成柔软的厚胶片，然后裁剪成一定的尺寸备用。胶片裁剪的平面尺寸应略小于模腔面积，而胶片的体积要求略大于模腔的容积。裁剪时要标明压出方向。

2. 模具预热

模具经清洗干净后，也可以在模具内腔表面喷上少量脱模剂。然后置于硫化机的平板上，在硫化温度下预热约30min。

3. 加料模压硫化

将已准备好的胶料试样毛坯放入已预热好的模腔内，并立即合模置于压机平板的中心位置，然后开动压机加压。胶料硫化压力为2.0MPa。当压力表指针指示到达所需的工作压力时，开始记录硫化时间。本实验要求的保压硫化时间由前期的硫化仪实验确定，在硫化到达预定时间时，去掉平板间的压力，立即趁热脱模。

4. 硫化胶试片制品的停放

脱模后的试片制品放在平整的台面上在室温下冷却并停放6～12h，才能进行性能测试。

五、操作注意事项

遇到特殊情况（如模具打不开）一定要向指导教师汇报，切不可盲目操作。

六、思考题

1. 硫化的三要素指的是什么？
2. 硫化时，为什么要注明胶料的压出方向？

实验三十二　硫化橡胶性能测试

一、实验目的

1. 了解橡胶物理机械性能测试仪器如硬度计、电子拉力机的基本结构，掌握这些设备仪器的操作方法；

2. 掌握橡胶物理机械性能测试试样制备及性能测试方法；

3. 从性能测试结果进行分析讨论。

二、实验原理（计算方法）

1. 定伸（扯断）强度（MPa）

$$\sigma=\frac{P}{bh}$$

式中：P——定伸（扯断）负荷（N）；

b——试样宽度（mm）；

h——试样厚度（mm）。

2. 扯断伸长率（%）

$$\varepsilon=\frac{L_1-L_0}{L_0}\times 100\%$$

式中：L_0——试样原始标线距离（mm）；

L_1——试样断裂时标线距离（mm）。

3. 永久变形（%）：

$$H_d=\frac{L_2-L_0}{L_0}\times 100\%$$

式中：L_2——断裂的两块试样静置 3min 后拼接起来的标线距离（mm）。

三、实验用主要仪器设备

1. 邵尔 A 型硬度计

2. 电子拉力实验机

主要技术参数及工作条件：

环境温度：20℃±10℃

相对湿度：<80%

控制方式：速度控制

四、实验步骤

试验在 23℃左右的室温下进行。

1. 邵氏硬度实验（A 型）

橡胶的硬度即其软硬程度，是表示其抵抗外力侵入的能力。常用邵氏硬度计测量橡胶的硬度。其工作原理是通过外力使硬度计的压针以弹簧的压力压入试样的表面，以压针陷入的深浅程度来表示其硬度。

（1）试样的准备

待测的天然硫化胶试片厚度不小于 6mm，若试样厚度不够，可用同样的试样重叠，但胶片试样的叠合不得超过 4 层，且要求上、下两层平面平行，试样的表面要求光滑、平整、无杂质等。

（2）硬度测试

a. 首先在测试橡胶之前，于硬度计上加上定负荷 10N，使硬度计的压针压在玻璃工作台上，此时硬度计指针应指示在 100 格的位置上。否则对硬度计应予调整。

b. 把橡胶试样放在硬度计的玻璃工作台上，当硬度计的加压面与橡胶试样全部接触后，指针上的读数即为试样的硬度值。

c. 试样上每个测量点只测一次，每一试样测量三点，取其中值或平均值。

d. 硬度计的刻度盘上分为 100 格，每一小格为一硬度值，数值越大，表示橡胶越硬。

2. 拉伸强度试验

拉伸强度试验是测量材料的物理机械性能的重要项目，对橡胶加工成型过程中的胶料及硫化胶，通过拉伸试验可以测其扯断强度、定伸强度、扯断伸长率和永久变形等指标。可以衡量和比较成品、半成品的质量；也能为原材料、配方和加工工艺的研究等提供有力的依据。

（1）试样的准备

硫化胶试片经过 12h 以上的充分停放后，用标准裁刀在裁剪机上冲裁成哑铃型的试样。

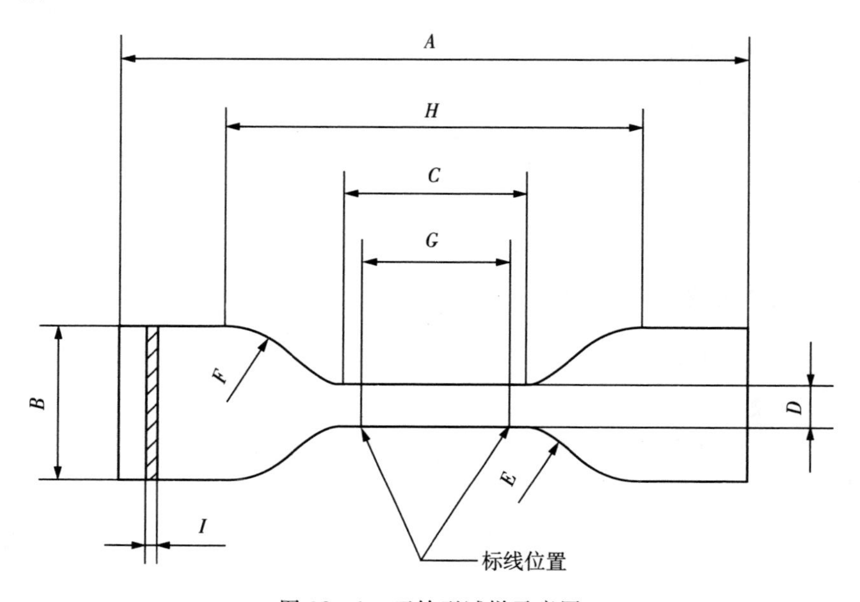

图 32－1　哑铃型试样示意图

表 32－1　试样尺寸要求

尺　　寸	1 型	2 型	3 型	4 型
A 总长度（最短）（mm）	115	75	50	35
B 端部宽度（mm）	25.0±1.0	12.5±1.0	8.5±0.5	6.0±0.5
C 狭小平行部分长度（mm）	33.0±2.0	25.0±1.0	16.0±1.0	12.0±0.5
D 狭小平行部分宽度（mm）	6.0±0.4	4.0±0.1	4.0±0.1	2.0±0.1
E 外过渡边半径（mm）	14.0±1.0	8.0±0.5	7.5±0.5	3.0±0.1
F 内过渡边半径（mm）	25.0±2.0	12.5±1.0	10.0±0.5	3.0±0.1
注：为确保试样端部与夹持器接触，有助于避免“肩部断裂”，可使总长度稍大些				

（2）同一实验的 5 个样品经取舍后的个数不应少于原试样的 60%，试样取舍可以取中值，即舍弃最高和最低的数值；或把所有样品测试的数值加和取其平均值。

五、操作注意事项

1. 不得随意打开主机箱及控制箱；
2. 禁止带电拔插连接器；
3. 不得随意修改“状态参数”；
4. 若无良好接地，严禁使用整个试验机系统；
5. 实验过程中，严格按指导教师的要求操作。

六、思考题

1. 天然生胶、塑炼胶、混炼胶和硫化胶的机械性能和结构实质有何不同？
2. 讨论分析不同配方的硫化橡胶，其配方与性能之间有什么样的关系？

实验三十三　热塑性塑料挤出造粒

一、实验目的

1. 通过本实验，熟悉挤出成型原理，了解挤出工艺参数对塑料制品性能的影响；

2. 了解挤出机的基本结构及各部分的作用，掌握挤出成型基本操作。

二、实验原理

合成出来的树脂大多数呈粉末状，粒径小成型加工不方便，而且合成树脂中又经常需要加入各种助剂才能满足制品的要求，为此就要将树脂与助剂混合，制成颗粒，这步工序称作“造粒”。树脂中加入功能性助剂可以造出功能性母粒。造出的颗粒是塑料成型加工的原料。

使用颗粒料成型加工的主要优点有：(1) 颗粒料比粉料加料方便，无须强制加料器；(2) 颗粒料密度比粉料大，制品质量好；(3) 挥发物及空气含量较少，制品不容易产生气泡；(4) 使用功能性母料比直接添加功能性助剂更容易分散。

塑料造粒可以使用滚压法混炼，混炼出片后切粒，也可以使用挤出塑炼，塑化挤出条以后切粒。本实验以聚丙烯（PP）为例采用挤出冷却后造粒的工艺。

将 PP 以及各种无机填料（$CaCO_3$或 $CaSO_4$）按照一定比例加入到双螺杆挤出机中，经过加热、剪切、混合以及排气作用，PP 以及填料塑化成均匀熔体，在两个螺杆的挤压下熔体通过口模、水槽冷却定型、鼓风机冷却排水、切粒机切割造粒，最终成为聚丙烯填充改性料。

挤出机螺杆和料筒结构直接影响塑料原料的塑化效果、熔体质量和生产效率。和单螺杆相比，其塑化能力、混合作用和生产效率相对较高。主要用于高速挤出、高效塑化、大量挤出造粒。

挤出工艺控制参数包括挤出温度（料筒各段、机头、口模）、挤出速率、口模压力、冷却速率、牵引速率、拉伸比、真空度等。对于双螺杆挤出机而言，物料熔融所需要的热量主要来自于料筒外部加热，挤出温度应在塑料的熔点（T_m）或粘流温度（T_f）至热分解温度（T_d）范围之间，温度设置一般从加料口至机头方向逐渐升高，最高温度较塑料热分解温度 T_d 低 15℃以上。各段温度设置变化不超过 60℃。挤出温度高，熔体塑化质量较高，材料微观结构均匀，制品外观较好，但挤出产率低，能源消耗大，所以挤出温度在满足制品要求的情况下应该尽可能的低。挤出速率同时对塑化质量和挤出产率起决定性的作用，对给定的设备和制品性能来说，挤出速率可调的范围则已定，过高地增加挤出速率，追求高产率，只会以牺牲制品的质量为代价。挤出过程中，需冷却的部位包括料斗和螺杆。料斗的下方应通冷却水，防止 PP 过早的熔化黏结搭桥。另外，牵引速率与挤出速率要相互匹配，以达到所造的塑料粒子大小均匀。

三、实验用主要仪器设备及原料

原材料：聚丙烯（PP）、活性碳酸钙（$CaCO_3$）、硫酸钙（$CaSO_4$）、润滑剂等。

主要设备：双螺杆挤出机组（螺杆直径 30mm，长径比 36∶1，螺杆总长 1085mm），南京橡胶机械厂生产，1 台；冷却水槽 1 台；冷风机 1 台；自动切粒机 1 台。

四、实验操作步骤

1. 挤出机预热升温：依次接通挤出机总电源和各加热段电源，调节加热各段温度仪表以及其他控制仪表（见表 33－1）。当预热温度升至设定值后，恒温 30～60min。

表 33－1　挤出机主要参数设定值表

温度（℃）	一区	二区	三区	四区	五区	六区	机头	熔体压力，MPa	熔体温度，℃
设定值	150	186	195	200	210	210	180	12.00	215

2. 检查冷却水系统是否漏水，真空系统是否漏气，打开水阀。

3. 启动油泵电动机：调速要缓慢且均匀，转速逐步升高，要注意主电机电流的变化，一般在较低的转速下运转几秒，待有熔融的物料从机头挤出后，再继续提高转速。

4. 启动喂料系统以及螺杆清洗：首先将喂料机速度调至零位，启动料斗下的冷凝水。把清洗用的纯 PP 加入到料斗，启动喂料电动机，清洗螺杆，待挤出的熔体颜色变为 PP 的本色即可视为清洗完毕。接着将混合好的料倒入喂料斗，调整其转速，在调整的过程中密切注意电动机的电流的变化，要适当控制喂料量，以避免挤出机的负荷太大。

5. 将挤出的线状熔体通过冷却水槽，引上牵引切割机。

6. 启动真空系统，调节真空度。

7. 启动牵引以及切割等辅助装置，观察线状熔体的直径、光泽度等，并以此来调节各项速率。

8. 更换不同配方重复以上实验。

实验过程中，要记录挤出工艺条件（温度，螺杆转速，加料速度，真空度，牵引速度）；同时，要观察挤出过程中的不稳定现象，记录工艺参数变化后，线性熔体的变化。

9. 实验完毕，关闭主机，趁热消除机头中的残留塑料，整理各部分。

五、操作注意事项

1. 熔体被挤出之前，任何人不得在机头口模的正前方。挤出过程中，严禁金属杂质和小工具等物落入进料口中。

2. 清理设备时，只能使用铜棒及铜质刀具，切忌损坏螺杆和口模等处的光洁表面。

3. 挤出过程中，要密切注意工艺条件的稳定，不得任意改动。如果发现不正常现象，应立即停车，进行检查处理再恢复实验。

六、思考题

1. 挤出机的主要结构有哪些部分组成？

2. 填料的加入对聚合物的加工性能有何影响？

3. 改变牵引和挤出速率对线性熔体的直径和光泽度等特征有什么影响？

实验三十四　注射成型

一、实验目的

1. 了解螺杆式注塑机的结构，熟悉注射成型的基本原理；

2. 掌握热塑性塑料注射成型的操作过程；锻炼一种实际工作的技能；

3. 掌握注射成型工艺条件对注射制品质量的影响，学会注塑工艺条件设定的基本方法。

二、实验原理

采用螺杆式注塑机进行实验。在塑料注射成型中，注塑机需要按照一定的程序完成塑料的均匀塑化、熔体注射和成型模具的开启闭合、注射成型中压力保持和成型制件的脱模等一系列操作过程。

1. 螺杆式注塑机的主要结构及作用

(1) 注射装置　注射装置一般由塑化部件（机筒、螺杆及喷嘴等）、料斗、计量装置、螺杆传动装置、注射油缸和移动油缸等组成。注射装置的主要作用是使塑料原料均匀塑化成熔融状态，并以足够的压力和速度将一定量的熔体注射到成型模具中。

(2) 合模装置　合模装置主要由模板、拉杆、合模机构、制件顶出装置和安全门等组成。合模装置的主要作用是实现注射成型模具的开合并保证其可靠的闭合。

(3) 液压传动和电气控制系统　液压系统和电气控制系统的主要作用是满足注塑机注射成型工艺参数（压力、注射速度、温度、时间等）。

2. 注塑机的动作过程

(1) 闭模和锁紧　注射成型过程是周期性的操作过程。注塑机的成型周期一般是从模具的闭合开始的，模具先在液压及电气控制系统处于高压状态下进行快速闭合，当动模与定模快要接触时，液压即电气控制系统自动转换为低压、低速状态，当确定模内无异物存在后，再转换为高压并将模锁紧。

(2) 注射装置前移及注射　确认模具锁紧后，注射装置前移，使喷嘴和模具吻合，然后液压系统驱动螺杆前移，在所设定的压力、注射速度下，将机筒螺杆头部已均匀塑化和定量的熔体注入模具型腔中。此时螺杆头部作用于熔体的压力称之为注射压力，又称一次压力。螺杆的移动速度称之为注射速度。

（3）压力保持　注射操作完成之后，在螺杆的头部还保存有少量的熔体。液压系统通过螺杆对这部分熔体继续施加压力，以填补因型腔内熔体冷却收缩产生的空间，保证制品的密度，保压一直持续到浇口封闭。此时，螺杆作用于熔体上的压力称之为保压压力，又称二次压力，保压压力一般等于或低于注射压力。保压过程中，仅有少量的熔体补充进入到型腔。

（4）制件冷却　塑料熔体经注射喷嘴注射到模具型腔后开始冷却。当保压进行到浇口封闭后，保压压力即卸去，此时物料进一步冷却定型。冷却速度影响到聚合物的聚集态转变过程，最终会影响到制件成型质量和效率。制件在模具型腔中的冷却时间应以制件在开模顶出时具有足够的刚度、不致引起制件变形为限。过长的冷却时间不但会降低生产效率，还会使制件产生过大的型腔包附力，造成脱模困难。

（5）原料预塑化　为了缩短成型周期，提高生产效率，当浇口冷却，保压过程结束后，注射机螺杆在液压马达的驱动下开始转动，将来自料斗的粒状塑料向前输送。在机筒加热和螺杆剪切热的共同作用下，将粒状塑料进一步均匀塑化，最终成为熔融粘流态流体，在螺杆的输送下存积于螺杆的头部，从而实现塑料原料的塑化。螺杆的转动一方面使塑料塑化并向其头部输送，另一方面也使存积于螺杆头部的塑料熔体产生压力，这个压力称之为塑化压力。由于这个压力的作用，使得螺杆向后退移，螺杆后移的距离反映出螺杆机头部分存积的熔体的体积，也就是注射熔体计量值是根据成型制件所需要的注射量进行调节设定。当螺杆转动而后退到设定值时，在液压和电气控制系统的控制下就停止转动，完成塑料的预塑化和计量，即完成预塑化过程。注射螺杆的尾部和注射油箱是连接在一起的，在螺杆后退的过程中，螺杆要受到各种摩擦阻力以及注射油箱内液压油的回流压力的作用，注射油箱内液压油回流产生的压力称之为螺杆背压。

（6）注射装置后退开模及制件顶出　预塑化程序完成后，注射装置后退，为了避免喷嘴长时间与模具接触散热而形成凝料，使喷嘴离开模具。当模腔内的成型制件冷却到具备一定刚度后，合模装置带动模板开模，在开模的过程中完成侧向抽芯的动作，最后顶出机构顶脱制品，准备下一个成型周期。

三、实验用主要仪器设备及原料

原料：各种热塑性塑料。

注塑机：HMD－88型，宁波华美达机械有限公司生产。

四、实验步骤

（1）接通冷凝水，对油冷器和料斗座进行冷却。接通电源（合闸），按拟定的工艺参数，设定各料筒的加热温度，通电加热。

（2）将实验原料加入料斗中。

（3）熟悉操作控制屏各键的作用及调节方法，操作方式设定为手动。按拟定的工艺参数设定压力、速度和时间参数，并做记录。

（4）待料筒加热温度到设定值后，保持20～30min。

（5）采用手动方式动作，检查各动作程序是否正常，各运动部件动作有无异常现象，一旦发现异常现象，应马上停机，进行处理。

（6）准备工作就绪后，关好前后安全门，保持操作方式为手动，操作时应集中注意力，防止按错按钮。

（7）开机，手动操作程序如下：

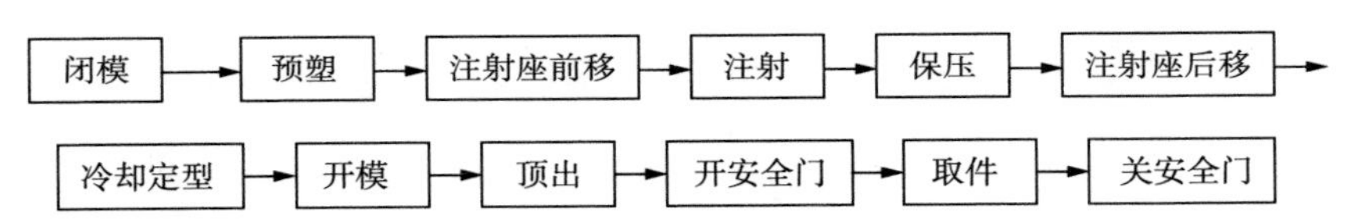

（8）停机前，先关料斗闸门，将余料注射完毕。停机后，清洁机台，断电，断水。

分析所得试样制品的外观质量，从记录的每次实验工艺条件分析对比与试样质量的关系。制品的外观质量包括颜色、透明度、有无缺料、凹痕、气泡和银纹等。

五、操作注意事项

1. 开机时先通冷凝水再通电，关注塑机时则相反。

2. 关好安全门，才可以注塑。

3. 熟悉注塑机各个键盘，常用键盘如关模、开模、注射、储料、顶杆和座台前和座台退等，调模键盘调模时才用，一般不要动，需要老师指导才能调模。

4. 关模时先是高压和高速，在动模靠近静模时低压低速，最后如果模腔内没有异物时高压低速，通常点动关模，保护模具。

5. 操作时要戴劳保手套。

6. 座台后退时，在按注射清料时，注意眼睛，以防熔体伤害。

7. 试样滑落范围，双腿不要靠近，以防模具可能滑落。

8. 起重机吊模具时，人不要靠近，尤其垂直下方，以防受伤。

六、思考题

1. 要缩短注射机的成型加工周期，可以采用哪些措施？
2. 注射成型时模具的运动速度有何特点？
3. 注射机的料筒温度、模具温度应如何确定？
4. 为什么要保压？保压对制品性能有何影响？
5. 注射成型聚丙烯厚壁制品容易出现哪些缺陷？怎样从工艺上予以改善？

实验三十五　吹塑薄膜

一、实验目的

1. 掌握吹塑薄膜成型方法、工艺；
2. 了解影响薄膜成型和质量的因素。

二、实验原理

吹塑薄膜成型在原理上可分三个阶段：

1. 挤出型坯：将原料加入挤出机料筒中，经料筒加热熔融塑化，在螺杆的强制挤压下通过口模挤成圆管形的型坯。

2. 吹胀型坯：用夹板夹持型坯使其成密闭泡管，然后从口模通入压缩空气吹胀型坯；

3. 冷却定型：在压缩空气和牵引冷却辊的作用下，吹胀型坯受到纵横向的拉伸变薄，并同时冷却定型成薄膜。

塑料薄膜可以用压延法、流延法、挤出吹塑等方法制作。其中挤出吹塑法生产薄膜最经济、设备和工艺也比较简单、操作方便、适应性强；所生产的薄膜幅宽、厚度范围大；吹塑过程中膜的纵、横向分子都得到拉伸取向，强度较高。因此，吹塑法已广泛用于生产 PVC、PE、PP 及复合薄膜等多种塑料薄膜。

根据吹塑时挤出物走向的不同，吹塑薄膜的生产可分为平挤上吹、平挤平吹和平挤下吹三种方式。其过程原理和操作控制相同：即将塑料加入挤出机料筒内，借助料筒外部的加热和料筒内螺杆旋转产生的剪切、混合和挤压作用，使固体物料熔融；在压力的推动下，塑料熔体逐渐被压实前移，通过环隙口模挤成截面恒定的薄壁管状物；随即由芯棒中心引进压缩空气将其吹胀，被吹胀的泡管在冷风环、牵引装置的作用下，逐渐地拉伸定型，最后导致卷绕装置，叠卷成双折的塑料薄膜。

吹塑过程中，泡管的纵、横向都有拉伸，因而两向都会发生分子取向，要制得性能良好的薄膜，两方向上的拉伸取向最好取得平衡，也就是纵横向上的牵引比（即牵引泡管的速度与挤出塑料熔体的速度之比）与横向上的吹胀比（即泡管的直径与口模直径之比）应尽可能相等。不过，实际上吹胀比因受冷却风环直径的限制，可调范围有限且吹胀比也不宜过大，否则会造成泡管的不稳定。因此，吹胀比和牵引比很难相等，吹塑薄膜纵、横两向的强度总有差异。为减少薄膜厚薄公差、提高生产效率，合理设计成型口模、工艺和严格控制操作条件则是保证吹塑薄膜产量和质量的关键。

一般说来，对一定的设备而言，挤出机料筒各段、机头、口模的温度设定和冷却效果是重点考虑的工艺因素。实验时可采用沿料筒、机头、口模逐渐升温，熔体黏度降低，压力减少，挤出量增大，有利于提高产量，但物料温度过高或螺杆转速太快，不仅会造成热敏性树脂的降解，还会出现挤出泡管冷却不良，形成不稳定的“长颈”状态，致使泡管壁厚不均，甚至泡管起皱粘接而影响使用和后加工，因此控制较低的物料温度是十分重要的。

风环是最常用的冷却装置，安装在熔体管坯刚离开口模的地方，它利用压缩空气通过风环间隙向泡管各点直接吹气，进行热交换，冷却定型薄膜。操作上可利用调节风环中风量的大小，移动风环位置来控制“冷却线”的高低。

牵引是调节薄膜厚度的重要装置，牵引辊与口模中心的位置必须对准，以消除薄膜的折皱现象。

三、实验用仪器设备和原料

1. 实验原料：LDPE 树脂

2. 实验设备：

SJ－20 型吹塑机	1 台
吹塑机头、口模	1 套
空气压缩机	1 台
冷却风环	1 套
吹膜辅机	1 套

本实验采用的芯棒式机头，冷却和吹胀共用一个气源，空气流量和压力大小可自行调节。

四、实验步骤

1. 了解原料特性，初步设定挤出机各段、机头和口模的控温范围，同时设定螺杆转速、空气和风环位置、牵引速度等工艺条件。

2. 熟悉挤出机操作规程，接通电源，设定挤出机、机头各部位加热温度，开始加热，检查机器各部分的运转、加热、冷却、通气等是否良好，使实验机处于准备状态。待各区段预热到设定温度时，立即将口模环形缝隙调到基本均匀，同时，对机头部分的衔接、螺栓等再次检查并趁热拧紧。

3. 恒温20min后，启动主机，在慢速运转下先少量加入LDPE，注意电流大小，压力表扭矩值以及出料状况。待挤出的泡管壁厚基本均匀时，可用手（戴上手套）将管状物缓慢引向开动的冷却、牵引装置，随即通入压缩空气。观察泡管的外观质量，结合情况及时调整工艺、设备因素（如物料温度、螺杆转速、口模同心度、空气气压、风环位置、牵引卷取速度等），使整个操作控制处于正常状态。

4. 挤出吹塑过程中，温度控制应保持稳定，否则会造成熔体黏度变化，吹胀比波动，甚至泡管破裂。另外，冷却风环及吹胀的压缩空气也应保持稳定，否则会在吹塑的过程中发生波动。

5. 当泡管形状稳定、薄膜折径已达到要求时，切忌任意变化操作控制。在无破裂泄漏的情况下，不再通入压缩空气。若有气体泄漏，可通过气管通入少量压缩空气予以补充，同时确保泡管内压力稳定。

6. 切取一段外观质量良好的薄膜，并记下此时的工艺条件；称量单位时间的重量，同时测其折径和厚度公差。

7. 改变工艺条件（如提高料温、增大或降低螺杆转速、加大压缩空气流量、提高牵引卷取速度等），重复上述过程，分别观察和记录泡管外观质量变化情况。

8. 实验完毕，逐渐减低螺杆转速，必要时可将挤出机内塑料挤完后停机。趁热用铜刀等用具清除机头和衬套中的残留塑料。

五、注意事项

1. 熔体挤出时，操作人员不得位于口模的正前方，以防止意外伤人。

2. 清理挤出机和口模时，只能用铜刀、棒或压缩空气，切忌损伤螺杆和口模的光洁表面。

3. 吹胀管坯的压缩空气压力要适当，既不能使管坯破裂，又能保证膜管的对称稳定。

4. 吹塑过程中要密切注意各项工艺条件的稳定，不应该有所波动。

六、思考题

1. 影响吹塑薄膜厚度均匀性的主要因素有哪些？

2. 常用的薄膜加工方法有哪几种？各有什么特点？

3. 吹塑薄膜纵向和横向的力学性能有没有差异？为什么？

实验三十六 热塑性树脂熔体流动速率的测定

一、实验目的

1. 了解热塑性树脂熔体流动速率的测定意义；
2. 熟悉熔体流动速率测定仪的结构、工作原理和使用；
3. 掌握熔体流动速率的测定方法。

二、实验原理

高聚物的流动性是成型加工时必须考虑的一个重要因素，不同的用途、不同的加工方法对高聚物的流动性有不同的要求，对选择加工温度、压力和加工时间等加工工艺参数都有实际意义。

衡量高聚物流动性的指标主要有熔体流动速率、表观黏度、流动长度、可塑度、门尼黏度等多种方式。不同材料的流动性表征也有所差异。橡胶的流动性常用威廉可塑度和门尼黏度来表示；热固性树脂的流动性常用落球黏度或滴落温度来衡量，而热固性塑料的流动性通常用拉西格流程法测量流动长度来表示；大多数热塑性树脂（塑料）的流动性则可用其熔体流动速率来表示。

熔体流动速率（MFR），是指热塑性树脂的熔体在一定的温度和负荷（压力）作用下，每 10min 通过标准毛细管的质量（g），其单位是 g/10min。工业上，亦称熔融指数（MI）。MFR 值常用于衡量树脂在熔融状态下的流动性和熔体黏度的大小，故可预测热加工时流动的难易、充模速度的快慢等工艺问题。熔体流动速率与聚合物相对分子质量大小有密切关系，对于相同分子结构的聚合物，MFR 值越大，平均相对分子质量就越小，因此，熔体流动速率可以作为制品选材或用材的参考依据。熔体流动速率亦可用来表征由同一工艺流程制得的聚合物性能的均匀性，并对热塑性聚合物进行质量控制，简便地给出热塑性聚合物熔体流动性的度量，作为加工性能的指标。

熔体流动速率的测定使用的是标准的熔体流动速率测定仪。测定不同结构热塑性树脂熔体流动速率，所选择的温度和负荷条件及试样用量和取样时间都有所不同，我国目前常用标准见表 36－1 和表 36－2。

表 36－1　熔体流动速率标准实验条件

序号	标准口模内径/mm	口模系数/（g·mm²）	试验温度/℃	负荷/kg
1	1.180	46.6	190	2.160
2	2.095	70	190	0.325
3	2.095	464	190	2.160
4	2.095	1073	190	5.000
5	2.095	2146	190	10.000
6	2.095	4635	190	21.600
7	2.095	1073	200	5.000
8	2.095	2146	200	10.000
9	2.095	2146	220	10.000
10	2.095	70	230	0.325
11	2.095	258	230	1.200
12	2.095	464	230	2.160
13	2.095	815	230	3.800
14	2.095	1073	230	5.000
15	2.095	70	275	0.325
16	2.095	258	300	1.200

注：① 料筒内径在 9.5～10.0mm 之间，负荷按式（36－1）计算：

$$m=kD^2/d^4 \qquad (36-1)$$

式（36－1）中，m——负荷，g

k——口模系数，g·mm²

D——活塞头直径，mm

d——标准口模直径，mm

② 有关各种塑料的试验条件按表 36－1 序号选用：

聚乙烯　1，2，3，4，6

聚甲醛　3

聚苯乙烯　5，7，11，13

ABS　7，9

纤维素酯 2，3

聚丙烯　12，14

聚碳酸酯　16

聚丙烯酸酯　8，11，13

聚酰胺　10，15

表 36－2　试样加入量与切样时间间隔

流动速率/（g/10min）	试样加入量/g	切样时间间隔/s
0.1～0.5	3～4	120～250
＞0.5～1.0	3～4	60～120
＞1.0～3.5	4～5	30～60
＞3.5～10	6～8	10～30
＞10～25	6～8	5～10

三、实验仪器设备和原料

（一）仪器设备

1. XNR－400A 型熔体流动速率测定仪

XNR－400A 型熔体流动速率测定仪由挤出系统和加热温控系统组成。挤出系统包括料筒、压料杆、出料口和砝码等部件。加热温控系统包括加热炉体、温控电路和温度显示等部分组成（图 36－1）。

技术参数：

装料筒内径　ϕ9.550±0.025mm

装料筒长度　160mm

活塞杆头直径　ϕ9.475±0.015mm

出料口内径　ϕ2.095±0.005mm

出料口长度　8.000±0.025mm

砝码　875g、960g、1640g、1200g、5000g、2500g、9100g

压料活塞杆＋隔热套＋1#砝码 325g

温度范围　60.0～450.0℃

控温精度

出料口上端 10mm 处温度波动≤±0.5℃（60.0～250.0℃）

出料口上端 10mm 处温度波动≤±1℃（250.0～450.0℃）

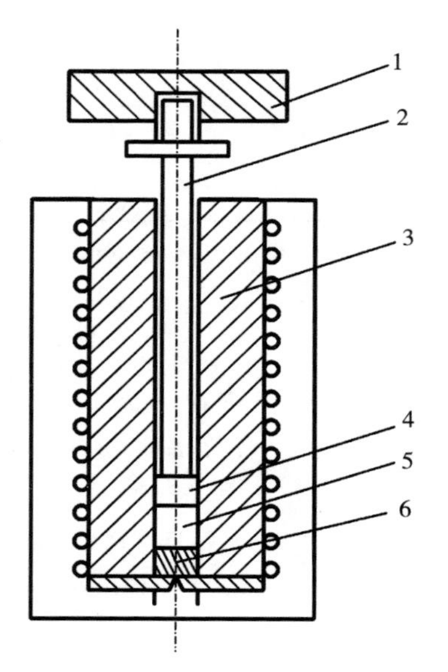

图 36－1　熔体流动速率仪的结构示意图

1—砝码；2—活塞杆；3—加热炉体；4—活塞；5—料筒；6—口模

2. 电子天平

（二）原料

PP（粒料或粉料）

四、实验步骤

1. 仪器调至水平，开启电源，系统自检。

2. 进行参数设定，在切料方式界面选择“时控”，再进入时控切料方式界面依次完成设定温度、切料时间、切料段数输入值，然后按下预热键进行预热升温。

3. 试样经红外灯照烘后称量约 6.0g 备用。

4. 听到恒温报警后，取出活塞，用料斗加入准备好的试样，用压料杆压实并放入活塞。

5. 6～8min 后加所需砝码，使负荷达 2160g。加上砝码后熔体即从出料口小孔挤出。当压料杆下降到环形标记与导套的上端面平齐时，进入试验，启动试验。

6. 切割段冷却后，在电子天平上称重。

7. 同一树脂试样平行测定 2 次，分别计算 MFR 值，最后取平均作为实验结果。

8. 清洗料筒、口模、压料杆及仪器外部。切断电源。

五、实验注意事项

1. 装料时不能贪多，应少量快速进行。加料方式不当，操作不熟练是样条产生气泡的原因之一。

2. 样条切刀的角度与出料口之间的距离要合适。

3. 每次实验结束，要趁热清理活塞杆、料筒和标准口模，不能用硬度高的工具进行刮擦，以免擦伤重要的表面，清理时要戴上手套，以防烫伤。

六、思考题

1. 测定高聚物熔体流动速率的意义是什么？

2. 是否可以直接挤出 10min 的熔体量作为 MFR 值？

实验三十七　热变形温度的测定

一、实验目的

1. 了解高分子材料弯曲负载热变形温度（简称热变形温度）测定的基本原理；

2. 掌握高分子材料热变形温度的测定方法。

二、实验原理

热变形温度测试方法首先由英国提出，以后又被日本 JIS、美国 ASTM、国际标准 ISO 等采用，我国于 1979 年也将此法列为国家标准“塑料弯曲负荷热变形温度试验方法”（GBl634－79），本实验是在 GB/T 1634.1－2004 标准基础上，按如下方法测定：高分子材料试样浸于一种等速升温的传热介质中，在简支梁式的静弯曲负载作用下，试样弯曲变形达到规定值时的温度，即弯曲负载热变形温度（简称热变形温度）。热变形温度适用于控制质量和作为鉴定新品种热性能的一个指标，但不代表其使用温度。本方法适用于在常温下是硬质的模塑材料和板材。

三、实验用主要仪器设备及原材料

1. 实验样品

试样截面是矩形的长条，其尺寸规定如下：

（1）模塑试样　长度 L＝120mm，高度 h＝15mm，宽度 b＝10mm；

（2）板材试样　长度 L＝120mm，高度 h＝15mm，宽度 b＝3～13mm（取板材原厚度）；

（3）特殊情况　可以用长度 L＝120mm，高度 h＝9.8～15mm，宽度 b＝3～13mm。但中点弯曲变形量必须符合表 37－1 中规定的值。

表 37－1　试样高度变化时相应变形量的变化表　　　单位：mm

试样高度 h	相对变形量	试样高度 h	相对变形量
9.8～9.9	0.33	12.4～12.7	0.26
10.0～10.3	0.32	12.8～13.2	0.25
10.4～10.6	0.31	13.3～13.7	0.24
10.7～10.9	0.30	13.8～14.1	0.23
11.0～11.4	0.29	14.2～14.6	0.22
11.5～11.9	0.28	14.7～15.0	0.21
12.0～12.3	0.27		

试样应表面平整光滑，无气泡、无锯切痕迹、凹痕或飞边等缺陷。每组试样最少为两个。

2. 实验仪器

采用 XRW－300HB 型热变形、维卡温度测定仪，承德市考思科学检测有限公司生产。仪器包括以下部分：

（1）金属制成的试样支架：两个支座中心间的距离为 100mm，在两个支座的中点，能对试样施加垂直的负载。支座及负载杆压头应互相平行，与试样接触部分制成半圆形，其半径为 3±0.2mm。支架的垂直部件与负载杆用线膨胀系数小的材料制成，使在测试温度范围内，由于热膨胀引起的变形测量装置的读数偏差不得超过 0.01mm（可用 GG－17 硅硼玻璃试样代替塑料试样进行校验）。

（2）保温浴槽：盛放温度范围合适、对试样无影响的液体传热介质，带有搅拌器、加热器。实验期间传热介质能以（12±1)℃/6min 或（5.0±0.5)℃/6min 等速升温。液体传热介质一般选用室温时黏度较低的硅油、变压器油、液体石蜡或乙二醇等。

（3）砝码：一组大小合适的砝码，使试样受载后最大弯曲正应力为 1.85MPa 或 0.46MPa。负载杆、压头的质量及变形测量装置的附加力应作为负载中的一部分计入总负载中。应加砝码的质量由下式计算：

$$W=(2\sigma b h^2/3L)-R-T$$

式中：W——砝码质量；

σ——试样最大弯曲正应力（18.5kg/cm^2 或 4.6kg/cm^2）；

b——试样的宽度；

h——试样的高度；

L——两支座中心间距离；

R——负载杆和压头的质量；

T——变形测量装置的附加力。

（4）测温装置：经校正的温度范围合适的局部浸入式水银温度计（或其他测温仪表），其分度值为1℃。

（5）变形测量装置：具有精度为0.01mm的百分表或其他测量装置。

（6）冷却装置：将液体传热介质迅速冷却，准备再次实验。

仪器主要技术参数：

温度控制范围：室温～300℃；温度分辨率：±0.1℃；最大温度控制误差：±0.1℃/6min（热变形）、0.5℃/6min（维卡）；升温速率：120℃/h、50℃/h；最大变形测量范围：1mm；最大变形测量误差：±0.005mm。

四、实验步骤

1. 热变形、维卡温度测定仪在室温下开始实验，打开电源。
2. 打开电脑，进入“热变形维卡”程序。
3. 进入“输入参数”菜单，用游标卡尺量出样条的“宽度”“厚度”，并输入它们的“跨度”。同时升起试样架，水平放置试样，装上试样和砝码。
4. 进入“调零”菜单，旋转“调零”按钮进行“调零”。
5. 进入“启动”菜单，开始实验。
6. 按“确定”，打印数据，储存文件。
7. 取下砝码，升起试样架，取下试样。关闭电脑、水源和电源。

实验操作流程如图37－1所示：

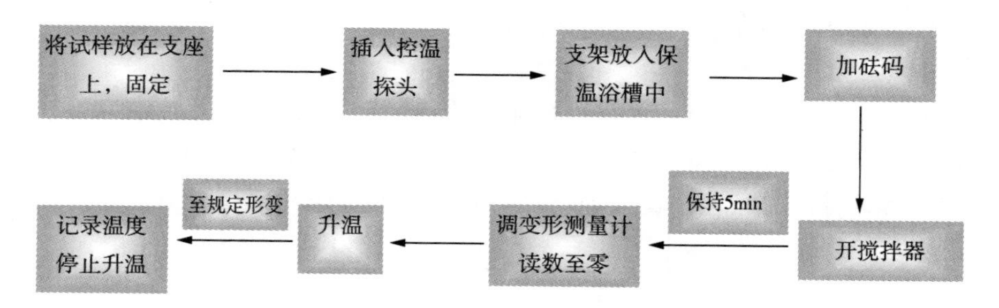

图37－1 实验操作流程

五、操作注意事项

1. 试样表面应平整光滑，无气泡或其他缺陷。
2. 实验结束后立即把试样取出，以免试样掉在介质箱中。

六、思考题

1. 升温速率对测试结果有什么影响？
2. 实验中所加载荷如何计算？载荷的大小对测试结果有何影响？
3. 测试中有哪些步骤可能引入误差？如何克服？
4. 热变形温度和维卡软化点有何区别？

实验三十八　塑料冲击强度的测定

一、实验目的

1. 了解冲击强度对制品使用的重要性；
2. 熟悉测定条件对测定结果的影响；
3. 掌握塑料冲击强度的测定方法。

二、实验原理

塑料制品在使用过程中经常受到外力冲击作用而受到破坏。冲击过程是一个相当复杂的瞬态过程，精确测定和计算冲击过程中的冲击力和试样变形是困难的。为了避免研究冲击的复杂过程，研究冲击问题一般采用能量法。塑料的冲击强度是试样在冲击载荷的作用下，折断或折裂时单位面积所吸收的能量。冲击强度是衡量材料韧性的一种指标，测定方法很多，应用较广的有摆锤式冲击实验、落锤式冲击实验和高速拉伸实验。

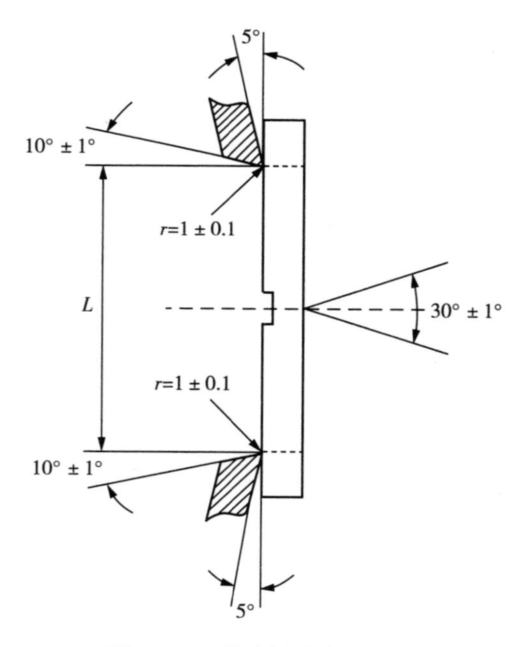

图 38－1　简支梁冲击示意图

最常见的摆锤式冲击实验只需考虑冲击过程的起始和终止两个状态的动能、位能（包括变形能），况且冲击摆锤与冲击试样两者的质量相差悬殊，冲断试样后所带走的动能可忽略不计，同时亦可忽略冲击过程中的热能变化和机械振动所耗损的能量，因此，可依据能量守恒原理，认为冲断试样所吸收的冲击功（W），即为冲击摆锤试验前后所处位置的位能之差。

摆锤式冲击实验依试样安放方式不同分为简支梁式和悬臂梁式，如图 38－1 与图 38－2 所示。本实验以悬臂梁测试为例。该方法依据现行国家标准 GB/T 1843—2008，最佳试样为 I 型（L：80mm ± 2mm，b：10mm ± 0.2mm，d：4mm±0.2mm，缺口为 A 型 r：0.25mm±0.05mm），如图 38－3 所示。

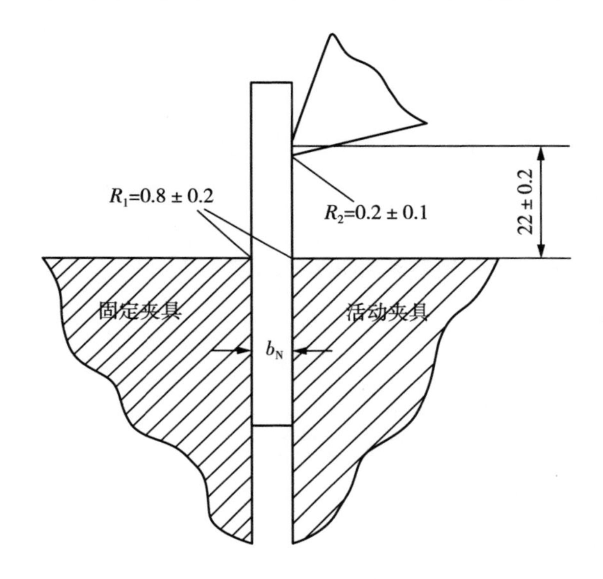

图 38－2　悬臂梁冲击示意图

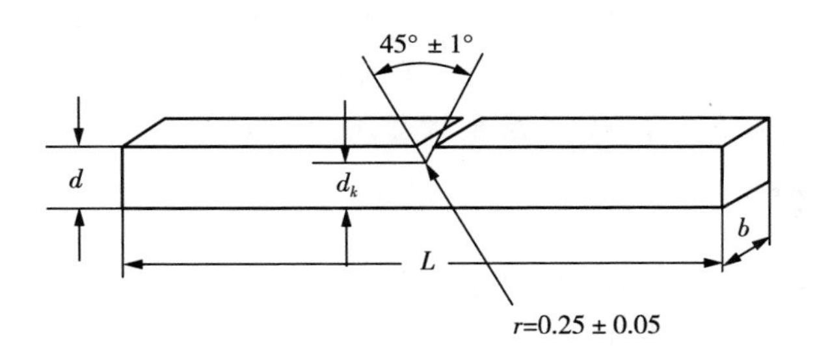

图 38－3　悬臂梁冲击试样

三、实验设备与试样

1. 多功能组合冲击试验机 XJJUD－50Q
2. 缺口制样机 XQZH－1
3. PP 模塑 I 型标准样若干

四、实验步骤

（1）取标准模塑Ⅰ型试样，在缺口制样机上磨制出A型缺口，测量试样尺寸及测量缺口底端剩余的宽度，精确至0.02mm。

（2）接通试验机电源，完成参数设定后，进行空冲击。

（3）选择合适的摆锤，使试样破断时所需的能量为摆锤总能量的10%～80%。

（4）抬起并锁住摆锤，安装、夹持试样。

（5）平稳释放摆锤，冲击后正确接锤并停锤。

（6）从面板读取试样吸收的能量。

（7）重复步骤（1）—（6），完成5个以上试样的平行测试。

（8）数据处理缺口试样悬臂梁冲击强度 a_n（kJ/m^2）

$$a_n=\frac{W}{b\times d_k}\times 10^3$$

式中：W——试样吸收的冲击能量，J；

d_k——缺口试样缺口底端剩余的厚度，mm；

b——试样的宽度，mm。

五、实验注意事项

1. 样条缺口磨制要一步到位，不得重复装卸。
2. 摆锤保持悬挂状态时，不得振动设备，人体各部分远离锤摆动范围。
3. 冲击过程中避免摆锤和试样自由端飞出打伤人。
4. 实验结束后保持摆锤处于悬垂状态。

六、思考题

1. 在实验中哪些因素会影响测定结果？
2. 为什么要选择带缺口样？
3. 为什么冲击实验用能量法？

实验三十九　聚合物弯曲强度的测定

一、实验目的

1. 了解聚合物材料弯曲强度的意义和测试方法；
2. 掌握电子拉力机测试聚合物材料弯曲性能的实验技术。

二、实验原理

弯曲是试样在弯曲应力作用下的形变行为。表征弯曲形变行为的指标有弯曲应力、弯曲强度、弯曲模量及挠度等。弯曲强度是试样在弯曲负荷下破裂或达到规定挠度时所能承受的最大应力。

弯曲强度 σ_f（MPa）：

$$\sigma_f = \frac{3PL}{2bh^2}$$

P——试样所承受的弯曲负荷，N；
L——试样跨度，mm；
b——试样宽度，mm；
h——试样厚度，mm。

弯曲弹性模量 E_f：

$$E_f = \frac{L^3}{4bh} \cdot \frac{P}{Y}$$

E_f——弯曲弹性模量，MPa；
L——试样跨度，mm；
b——试样宽度，mm；
h——试样厚度，mm；
P——在负荷-挠度曲线的线性部分上选定的负荷，N；
Y——与负荷相对应的挠度，mm。

三、实验用试样和仪器设备

试样尺寸要求：

标准试样：长为80mm±2mm，宽为10mm±0.5mm，厚为4mm±0.2mm。

非标准试样：试样的长度为厚度的二十倍以上；厚度小于1mm的试样不适于做弯曲实验；大于50mm的板材，应从单面加工至50mm，且加工面朝向压头。

实验设备：电子万能拉力试验机，深圳瑞格尔公司生产。

四、实验步骤

1. 测量试样的宽度、厚度准确至0.02mm，测量三点取其算术平均值。

2. 调节跨度为试样厚度的16±1倍。

3. 调节实验速度，标准试样的速度为2.0±0.04mm/min；非标准试样的速度按下式计算：

$$v=\frac{S_r\cdot L^2}{6h}\left(1+\frac{4d^2}{L^2}\right)$$

v——实验速度，mm/min；

S_r——应变速率，1%/min；

L——跨度，mm；

h——试样厚度，mm.

4. 压头与试样应是线接触，并保证与试样宽度的接触线垂直于试样长度方向。

5. 开动试验机，加载并记录下列数值：

（1）在规定挠度等于试样厚度的1.5倍时或之前出现断裂的试样，记录其断裂弯曲负荷及挠度。

（2）在达到规定挠度时不断裂的试样，记录达到规定挠度时的负荷。如果产品标准允许超过规定的挠度，则继续进行实验，直至试样达到最大负荷或破坏，记录此时的负荷及挠度。

（3）在达到规定挠度之前，能指示最大负荷的试样，记录其最大负荷及挠度。

6. 如果测定弯曲弹性模量，应经常读取负荷及对应的挠度值，以绘出平滑的负荷-挠度曲线。

五、操作注意事项

1. 不得随意打开主机箱及控制箱；

2. 禁止带电拔插连接器；

3. 不得随意修改“状态参数”；

4. 若无良好接地，严禁使用整个试验机系统；
5. 若试样断裂后横梁仍继续下行，必须手动停止仪器。

六、思考题

1. 试样尺寸对实验结果有何影响？
2. 分析弯曲速率对实验结果的影响？

实验四十　塑料硬度的测定

一、实验目的

1. 了解球压痕硬度测试的基本原理；
2. 掌握球压痕硬度计测试塑料硬度的方法。

二、实验原理

硬度是指材料抵抗其他较硬物体压入其表面的能力。硬度值的大小是表示材料软硬程度的定量反映，它本身不是一个单纯确定的物理量，而是由材料的弹性、塑性、韧性等一系列力学性能组成的综合性指标。硬度值的大小不仅取决于该材料的本身，也取决于测量条件和测量方法。硬度试验的主要目的是测量该材料的适用性，并通过对硬度的测量间接了解该材料的其他力学性能，例如磨耗性能、拉伸性能、固化程度等。因此，硬度检测在生产过程中对监控产品质量和完善工艺条件等方面有非常重要的作用。硬度试验因其具有测量迅速、经济、简便且不破坏试样的特点，在工程材料中应用极为普遍，也是检测塑料性能最容易的一种方法。本实验采用球压痕硬度计测量塑料硬度。

以规定直径的钢球在试验负荷作用下垂直压入试样表面，经过一规定的时间后，以单位压痕面积所承受的压力表示该试样的硬度，用 kg/mm^2 表示。

球压痕硬度计算公式：

$$H=\frac{p}{\pi \cdot D \cdot h}$$

式中，H 为球压痕布氏硬度，kg/mm^2；p 为试验负荷，kg；D 为钢球直径，mm；h 为校正机架变形后的压痕深度，mm。

三、主要实验用仪器及材料

实验用仪器：塑料球压痕硬度计，江苏腾达实验仪器有限公司生产，主要由机架、压头、加荷装置、压痕深度指示仪表和计时装置组成。

材料：硬质 PVC 板，PP 板，PS 板，ABS 板。

四、实验步骤

1. 试样准备。试样的大小应保证每个测点的中心与试样边缘的距离不小于 7mm，各测点中心之间的距离也不小于 25mm，试样厚度应不小于 4mm。按照 50mm×50mm×4mm 尺寸切割制备试样。试样应在 20℃±0.5℃左右条件下放置 16h 以上。根据试样预估的硬度值和试样的厚度选择钢球的直径和负荷大小，选择范围见表 40－1。

表 40－1　试样的选择范围

硬度范围（HB）	试样厚度/mm	负荷与钢球直径 *D* 的关系	钢球直径 *D*/mm	负荷/kg
＞36	＞6	P＝10D2	5.0	250
20～36	＞6	P＝5D2	5.0	125
8～20	＞10	P＝2.5D2	10.0	250
8～20	6～10	P＝2.5D2	5.0	62.5

试样应厚度均匀、表面光滑、平整、无气泡、无机械损伤及杂质等。

2. 试验前应定期测定各级负荷下机架的变形量。测定时应卸下压头，升起工作台，使其与主轴接触；加上初负荷，调节深度指示仪表为零；然后再加上试验负荷，直接由压痕深度指示仪表中读取相应负荷下机架的变形量。应反复测量几次，直到数值稳定。

3. 应根据试样材料的软、硬程度选择适宜的试验负荷，装上压头。使压痕深度必须在 0.15～0.35mm 的范围内。因为只有在规定范围内压痕深度与施加的负荷之间才有较好的线性关系。

4. 选 60s 为保压时间，通电 15min 开始实验。

5. 把试样放在工作台上，使测试表面与加荷方向垂直接触，无冲击加上初负荷之后，将手轮转 3 圈，使表针指零。

6. 搬动加荷手柄，由右向左，在 5～8s 内将所选择的试验负荷平稳地施加到试样上，这时加荷指示灯灭，保压指示灯亮；保持负荷 60s 后保压指示灯灭，退回加荷手柄，这时刻度指针所指即为压痕深度 h 值。

7. 每组试样不少于两块，测量点数不少于 5 个。

五、实验注意事项

1. 相邻的两个压痕中心距离不小于 25mm。
2. 压痕深度必须在 0.15～0.35mm 的范围内，否则无效。

六、思考题

1. 实验环境对测试结果有何影响？为什么？
2. 实验中为何要对操作时间严格控制？

实验四十一　氧指数法测定塑料的燃烧性能

一、实验目的

1. 熟悉氧指数仪的组成、结构；
2. 掌握氧指数仪的工作原理及使用方法；
3. 测定塑料的燃烧性能，并计算氧指数。

二、试验原理

大部分塑料遇火都极易燃烧，燃烧性能非常不好；评定塑料的燃烧性可用燃烧速度或氧指数来表示，燃烧速度是用水平燃烧法或垂直燃烧法等测得的，本实验采用氧指数法测定塑料的燃烧性。

氧指数法测定塑料的燃烧性是指在规定的实验条件下（23℃±2℃），将试样固定在燃烧筒中，氧、氮混合气流由下向上流过，点燃试样顶端，同时记录和观察试验燃烧长度，与规定的判据相比较。在不同的氧浓度中试验一组试样，测定刚好维持试样燃烧所需的最低氧浓度，并用混合气中氧含量的体积百分数表示。

氧指数仪试验装置主要有燃烧筒、试验夹、流量测量和控制系统及气源、点火器、排烟系统、计时装置等。

燃烧筒：燃烧筒是内径为 70～80mm，高 450mm 的耐热玻璃管，筒的下部用直径 3～5mm 的玻璃珠填充，填充高度 100mm，在玻璃珠上方有一金属网，以遮挡塑料燃烧时的滴落物。

试样夹：在燃烧筒轴心位置上垂直地夹住试样的构件。

流量测量和控制系统：由压力表、稳压阀、调节阀、管路和转子流量计等组成。计算后的氧、氮气体经混合气室混合后由燃烧筒底部的进气口进入燃烧筒。

点火器：由装有丙烷（或丁烷、天然气等）的小容器瓶、气阀和内径为 2mm±1mm 的金属导管喷嘴组成；点燃后，当喷嘴垂直向下时火焰的长度为 16mm±4mm。金属导管能从燃烧筒上方伸入筒内，以点燃试样。点燃燃烧筒内的试样可采用顶端点燃法，也可采用扩散点燃法。

顶端燃烧法：使火焰的最低可见部分接触试样顶端并覆盖整个顶表面，勿使火焰碰到试样的棱边和侧表面。在确认试样顶端全部着火后，立即移去点火器，开始计时或观察试样烧掉的长度。点燃试样时，火焰作用的时间最长为 30s，若 30s 内不能点燃，则应增大氧浓度，继续点燃，直至 30s 内点燃为止。

扩散点燃法：充分降低和移动点火器，使火焰可见部分施加于试样顶表面，同时施加于垂直侧表面约 6mm 长。点燃试样时，火焰作用时间最长为 30s，每隔 5s 左右稍移开点火器观察试样，直至垂直侧表面稳定燃烧或可见燃烧部分的前锋到达上标线处，立即移动点火器，开始计时或观察试样燃烧长度。若 30s 内不能点燃试样，则增大氧浓度，再次点燃，直至 30s 内点燃为止。

扩散点燃法也适用于Ⅰ、Ⅱ、Ⅲ、Ⅳ型试样，标线应划在距点燃端 10mm 和 60mm 处。

氧指数法测定塑料燃烧行为的评价准则见表 41 - 1。

表 41 - 1　燃烧行为的评价准则

<table>
<tr><th rowspan="2">试样型式</th><th rowspan="2">点燃方式</th><th colspan="2">评价标准（两者取一）</th></tr>
<tr><th>燃烧时间/s</th><th>燃烧长度</th></tr>
<tr><td>Ⅰ、Ⅱ、Ⅲ、Ⅳ</td><td>顶端点燃法</td><td>180</td><td>燃烧前锋超过上标线</td></tr>
<tr><td>Ⅰ、Ⅱ、Ⅲ、Ⅳ</td><td>扩散点燃法</td><td>180</td><td>燃烧前锋超过下标线</td></tr>
<tr><td>Ⅴ</td><td>扩散点燃法</td><td>180</td><td>燃烧前锋超过下标线</td></tr>
</table>

三、实验仪器和试样

实验仪器：HC - 2 型氧指数仪。

试样：试样类型、尺寸见表 41 - 2。

表 41 - 2　试样类型和尺寸

<table>
<tr><th rowspan="2">类型</th><th rowspan="2">型式</th><th colspan="2">长/mm</th><th colspan="2">宽/mm</th><th colspan="2">厚/mm</th><th rowspan="2">用途</th></tr>
<tr><th>基本尺寸</th><th>极限偏差</th><th>基本尺寸</th><th>极限偏差</th><th>基本尺寸</th><th>极限偏差</th></tr>
<tr><td rowspan="4">自撑材料</td><td>Ⅰ</td><td rowspan="3">80～150</td><td rowspan="4">—</td><td rowspan="3">10</td><td rowspan="5">±0.5</td><td>4</td><td>±0.25</td><td>用于模塑材料</td></tr>
<tr><td>Ⅱ</td><td>10</td><td>±0.5</td><td>用于泡沫材料</td></tr>
<tr><td>Ⅲ</td><td><10.5</td><td>—</td><td>用于原厚的片材</td></tr>
<tr><td>Ⅳ</td><td>70～150</td><td>6.5</td><td>3</td><td>±0.25</td><td>用于电器用模塑材料和片材</td></tr>
<tr><td>非自撑材料</td><td>Ⅴ</td><td>140</td><td>−5</td><td>52</td><td>≤10.5</td><td>—</td><td>用于软片和薄膜等</td></tr>
</table>

注：不同型式、不同厚度的试样，测试结果不可比。

四、实验步骤

1. 在试样的宽面上距点火端 50mm 处画一横线。

2. 取下燃烧筒的玻璃管，将试样垂直地装在试样夹上，装上玻璃管，要求试样的上端至筒顶的距离不少于 100mm。如果不符合这一尺寸，应调节试样的长度，玻璃管的高度是定值。

3. 根据经验或试样在空气中点燃的情况，估计开始时的氧浓度值。对于在空气中迅速燃烧的试样，氧指数可估计为 18%左右；在空气离开点火源即灭的，估计氧指数在 25%以上。

4. 打开氧气瓶和氮气瓶，气体通过稳压阀减压达到仪器允许压力范围。

5. 分别调节氧气和氮气的流量阀，使流入燃烧筒内的氧、氮混合气体达到预计的氧浓度，并保证燃烧筒中的气体流速为 40mm/s±10mm/s。

6. 让气体流动 30s，以清洗燃烧筒。然后用点火器点燃试样的顶部，在确认试样顶部全部着火后，移动点火器，立即开始计时，并观察试样的燃烧情况。

7. 若试样燃烧时间不到 3min 火焰就到达标志线时，就需要降低氧浓度。若不是则增加氧浓度，如此反复，直到所得氧浓度之差小于 0.5%，即可按该时的氧浓度计算材料的氧指数。以三次试验结果的算术平均值作为该材料的氧指数，有效数字保留到小数点后一位。

五、操作注意事项

1. 点燃试样是指引起试样有焰燃烧，不同点燃方法的试验结果不可比。

2. 燃烧部分包括任何沿试样表面淌下的燃烧滴落物。

3. 由于该试验需反复预测气体的比例和流速，预测燃烧时间和燃烧长度，影响测试结果的因素比较多，因此每组试样必须准备多个（10 个以上），并且尺寸规格要统一，内在质量密实度、均匀度特别要一致。

4. 试样表面清洁，无影响燃烧行为的缺陷，如应平整光滑、无气泡、飞边、毛刺等。

六、思考题

1. 什么是材料的氧指数，简述其测定原理。

2. 影响氧指数的因素有哪些?

实验四十二　透明塑料透光率和雾度的测试

一、实验目的

1. 了解积分球式雾度计的基本结构和基本原理；
2. 掌握测定板状、片状、薄膜状透明塑料的透光率和雾度方法。

二、实验原理

透光率和雾度是透明材料两项十分重要的指标，如航空有机玻璃要求透光率大于90%，雾度小于2%。一般来说，透光率高的材料，雾度值低，反之亦然，但不完全如此。有些材料透光率高，雾度值却很大，如毛玻璃。所以透光率和雾度值是两个独立的指标。

透光率是以透过材料的光通量与入射的光通量之比的百分数表示，通常是指标准“C”光源一束平行光垂直照射薄膜、片状、板状透明或半透明材料，透过材料的光通量 T_2 与照射到透明材料入射光通量 T_1 之比的百分率。

$$T_t=\frac{T_2}{T_1}\times 100\%$$

雾度又称浊度，是透明或半透明材料不清晰的程度，是材料内部或表面由于光散射造成的云雾状或浑浊的外观，用散射光通量与透过材料的光通量之比的百分率表示。用标准“C”光源的一束平行光垂直照射到透明或半透明薄膜、片材、板材上，由于材料内部和表面造成散射，使部分平行光偏离入射方向大于2.5°的散射光通量 T_d 与透过材料的光通量 T_2 之比的百分率，即

$$H=\frac{T_d}{T_2}\times 100\%$$

它是通过测量无试样时入射光通量 T_1 与仪器造成的散射光通量 T_d，有试样时通过试样的光通量 T_2 与散射光通量 T_d 来计算雾度值，即

$$H=\frac{T_d}{T_2}\times 100\%=\frac{T_4-\frac{T_2}{T_1}\times T_3}{T_2}\times 100\%=\left(\frac{T_4}{T_2}-\frac{T_3}{T_1}\right)\times 100\%$$

测试中，T_1、T_2、T_3、T_4 都是测量相对值，无入射光时，接受光通量为0，当无试样时，入射光全部透过，接受的光通量为100，即为 T_1；此时再用光陷阱将平行光吸收掉，接受到的光通量为仪器的散射光通量 T_3；若放置试样，仪器接受透过的光通量为 T_2；此时若将平行光用光陷阱吸收掉，则仪器接受到的光通量为试样与仪器的散射光通量之和 T_4。因此根据 T_1、T_2、T_3、T_4 的值可计算透光率和雾度值。

三、实验用仪器及试样

试样：PMMA、PC、PS、PVC 材料的板、片、膜；尺寸 50mm×50mm，原厚度；每组试样5个样；试样应均匀、没有气泡，两测量表面应平整光滑且平行，无划伤、无异物和油污等。

仪器：游标卡尺，精确度0.05mm；测厚仪或千分表，精确度0.001mm；WGT-S型积分球式透光率/雾度测定仪，上海申光仪器仪表有限公司生产。

积分球式雾度计的结构：

（1）积分球。用于收集透过的光通量。只要出入窗口的总面积不超过积分球内反射表面积的4%，任何直径的球均可适用。

（2）反射面。积分球内表面、挡板和反射标准板，应该具有基本相同的反射率。在整个可见光波长区具有高反射率和无光泽。

（3）聚光透镜。照射在试样上的光束，应基本上是单向平行光线，不能偏离光轴3°以上。光束的中心和出口窗的中心是一致的，这个光束在出入窗口不应引起光晕。在出口窗处光束的截面近似圆形，边界分明；光斑边缘与出射窗形成1.3°的环带。

（4）陷阱。无试样和标准板的时候，能够全部吸收光。

（5）光电池。球内光的强度用光电池测定。其输出在使用光强范围内和入射光强度成比例，并具有1%以内的精度。当积分球在暗色时检流计无偏转。

（6）检流计。刻度为100等分。

（7）光源。标准C光源。

四、实验步骤

1. 开启电源进行预热，两窗口显示二小数点，准备指示灯（ready）指示红光，不久“ready”灯指示绿光，左边读数窗出现“P”，右边出现“H”，并发出呼叫声。此时在空白样品的情况下按测试开关，仪器将显示“P100.00”“H0.00”，如不显示“P100.00”“H0.00”即 P<100.0、H>0.00，说明光源预热不够，可重关电源后再开机，重复1～2次，在“P100.00”“H0.00”下仪器预热稳定数分钟，按“TEST”开关，微机采集仪器自身数据后，再度出现“P”“H”并呼叫，即可进行测量。

2. 装上样品，按测试钮，指示灯转为红光，不久就在显示屏上显示出透光率数值及雾度数值，前者显示单位为 0.1%，后者为 0.01%。此时，指示灯转为绿光，需要进行复测时，可不拿下样品，重按测试钮可得到多次测数，然后取其算术平均值作测量结果，以提高测量准确度。更换样品重复 TEST 可连续测得同一批样的结果。

3. 更换样品时，应先按测试钮测空白，指示灯转红光，然后仪器将显示“P100.0”及“H0.00”结果，指示灯显示绿色。一般每测完一组样品应测空白一次，注意测空白后，应再按测试钮，等到准备灯发绿光、仪器发出呼叫后，再测下一组样品。

4. 试验结束，关闭仪器。

五、操作注意事项

1. 各种透明塑料有它自己的光谱选择性，对不同波长的光，透光率是不相同的，同一透明材料用不同光源测定，所得到的透光率与雾度不同。

2. 试样厚度增加，透光率下降，雾度增加；只有在同一厚度条件下才能比较材料的透光率和雾度。

六、思考题

1. 透明材料为什么会产生雾度？

2. 为什么说只有在同一厚度条件，不同材料的透光率、雾度才具有可比性？

参考文献

1. 韩哲文．高分子科学实验［M］．上海：华东理工大学出版社，2005.

2. 刘建平，郑玉斌．高分子科学与材料工程实验［M］．北京：化学工业出版社，2005.

3. 张春庆，李战胜，唐萍．高分子化学与物理实验［M］．大连：大连理工大学出版社，2014.

4. 郭玲香，宁春花．高分子化学与物理实验［M］．南京：南京大学出版社，2014.

图书在版编目(CIP)数据

高分子材料与工程专业实验教程/徐文总主编．—合肥：合肥工业大学出版社，2017.8
ISBN 978-7-5650-3494-7

Ⅰ.①高…　Ⅱ.①徐…　Ⅲ.①高分子材料—实验—高等学校—教材　Ⅳ.①TB324.02

中国版本图书馆CIP数据核字(2017)第188977号

高分子材料与工程专业实验教程

徐文总　主编

责任编辑	张择瑞
出版发行	合肥工业大学出版社
地　　址	(230009)合肥市屯溪路193号
网　　址	www.hfutpress.com.cn
电　　话	理工编辑部：0551-62903204 市场营销部：0551-62903198
开　　本	710毫米×1010毫米　1/16
印　　张	13.5
字　　数	256千字
版　　次	2017年8月第1版
印　　次	2017年10月第1次印刷
印　　刷	合肥现代印务有限公司
书　　号	ISBN 978-7-5650-3494-7
定　　价	30.00元

如果有影响阅读的印装质量问题，请与出版社市场营销部联系调换。